上海市工程建设规范

纤维增强复合材料筋混凝土结构技术标准

Technical standard for concrete structures with fiber reinforced polymer reinforcements

DG/TJ 08—2398—2022

J 16528—2022

主编单位：同济大学
　　　　　上海市城市建设设计研究总院（集团）有限公司
批准部门：上海市住房和城乡建设管理委员会
施行日期：2023 年 1 月 1 日

同济大学出版社

2023　上海

图书在版编目(CIP)数据

纤维增强复合材料筋混凝土结构技术标准/同济大学,上海市城市建设设计研究总院(集团)有限公司主编. —上海:同济大学出版社,2023.11
ISBN 978-7-5765-0971-7

Ⅰ.①纤… Ⅱ.①同… ②上… Ⅲ.①纤维增强复合材料—加筋混凝土结构—上海—技术标准 Ⅳ.①TU377.9-65

中国国家版本馆 CIP 数据核字(2023)第 215845 号

纤维增强复合材料筋混凝土结构技术标准

同济大学
上海市城市建设设计研究总院(集团)有限公司　　　主编

责任编辑　朱　勇
责任校对　徐春莲
封面设计　陈益平

出版发行　同济大学出版社　　www. tongjipress. com. cn
　　　　　(地址:上海市四平路 1239 号　邮编:200092　电话:021-65985622)
经　　销　全国各地新华书店
印　　刷　浦江求真印务有限公司
开　　本　889mm×1194mm　1/32
印　　张　3.375
字　　数　91 000
版　　次　2023 年 11 月第 1 版
印　　次　2023 年 11 月第 1 次印刷
书　　号　ISBN 978-7-5765-0971-7
定　　价　35.00 元

本书若有印装质量问题,请向本社发行部调换　　版权所有　侵权必究

上海市住房和城乡建设管理委员会文件

沪建标定〔2022〕356 号

上海市住房和城乡建设管理委员会关于批准《纤维增强复合材料筋混凝土结构技术标准》为上海市工程建设规范的通知

各有关单位：

由同济大学和上海市城市建设设计研究总院（集团）有限公司主编的《纤维增强复合材料筋混凝土结构技术标准》，经我委审核，现批准为上海市工程建设规范，统一编号为 DG/TJ 08—2398—2022，自 2023 年 1 月 1 日起实施。

本标准由上海市住房和城乡建设管理委员会负责管理，同济大学负责解释。

上海市住房和城乡建设管理委员会

2022 年 8 月 3 日

前　言

　　根据上海市城乡建设和交通委员会《2010 年上海市工程建设规范和标准设计编制计划》(沪建交〔2010〕181 号)的要求,由同济大学等单位组成的《纤维增强复合材料筋混凝土结构技术标准》编制组,对上海市工程建设规范《纤维增强复合材料筋混凝土结构技术标准》进行了编制。编制过程中,编制组广泛调查,开展专题研究,认真总结工程实践,参考国内外相关标准和规范,并在广泛征求意见的基础上,制定了本标准。

　　本标准的主要内容有:总则;术语与符号;材料;基本设计规定;承载能力极限状态计算;正常使用极限状态验算;构造要求;施工及验收。

　　各单位及相关人员在执行本标准过程中,请注意总结经验,积累资料,并将有关意见和建议反馈至上海市住房和城乡建设管理委员会(地址:上海市大沽路 100 号;邮编:200003;E-mail:shjsbzgl@163.com),同济大学土木工程学院建筑工程系《纤维增强复合材料筋混凝土结构技术标准》编制组(地址:上海市四平路1239 号;邮编:200092;E-mail:xuewc@tongji.edu.cn),上海市建筑建材业市场管理总站(地址:上海市小木桥路 683 号;邮编:200032;E-mail:shgcbz@163.com),以供今后修订时参考。

主编单位:同济大学

　　　　　　上海市城市建设设计研究总院(集团)有限公司

参编单位:上海市政工程设计研究总院(集团)有限公司

　　　　　　中交上海港湾工程设计研究院有限公司

　　　　　　中交第三航务工程勘察设计院有限公司

　　　　　　中船第九设计研究院工程有限公司

　　　　　　湖南大学

主要起草人：薛伟辰　周　良　彭　飞　李雪峰　刘　婷
　　　　　　江佳斐　吴　锋　王恒栋　陆元春　陈其锋
　　　　　　瞿　革　谭　园　胡　翔　闫兴非　方志庆
　　　　　　严大威　白浩阳
主要审查人：栗　新　郑七振　叶国强　王平山　蒋海里
　　　　　　杨　健　廖显东

上海市建筑建材业市场管理总站

目　次

Contents

1 总　则

1.0.1 为推动纤维增强复合材料筋混凝土结构的应用,做到安全适用、技术先进、经济合理、绿色环保,制定本标准。

1.0.2 本标准适用于纤维增强复合材料筋混凝土结构的设计、施工与验收。

1.0.3 纤维增强复合材料筋混凝土结构设计、施工与验收除应符合本标准的规定外,尚应符合国家、行业和本市现行有关标准的规定。

2 术语与符号

2.1 术 语

2.1.1 纤维 fiber

在本标准中特指土木工程中所采用的各类高性能纤维,其种类主要为碳纤维、玻璃纤维、芳纶纤维和玄武岩纤维。

2.1.2 纤维增强复合材料筋 fiber reinforced polymer(FRP)reinforcement

采用连续纤维为增强相,聚合物树脂为基体相,两相材料通过复合工艺组合而成的一种棒状聚合物基复合材料制品,简称FRP筋。按纤维种类分,包括碳纤维增强复合材料筋(CFRP筋)、玻璃纤维增强复合材料筋(GFRP筋)、芳纶纤维增强复合材料筋(AFRP筋)和玄武岩纤维增强复合材料筋(BFRP筋)。

2.1.3 FRP筋混凝土结构 concrete structure reinforced or prestressed with FRP reinforcements

配置受力的非预应力FRP筋或预应力FRP筋的混凝土结构。

2.1.4 普通FRP筋混凝土结构 FRP reinforced concrete structure

配置受力的非预应力FRP筋的混凝土结构。

2.1.5 预应力FRP筋混凝土结构 FRP prestressed concrete structure

配置受力的预应力FRP筋,通过张拉或其他方法建立预应力的混凝土结构。

2.1.6 有粘结预应力FRP筋混凝土结构 bonded FRP prestressed concrete structure

通过灌浆或与混凝土直接接触使预应力FRP筋与混凝土之

间相互粘结而建立预应力的混凝土结构。

2.1.7 无粘结预应力 FRP 筋混凝土结构 unbonded FRP prestressed concrete structure

配置与混凝土之间可保持相对滑动的无粘结预应力 FRP 筋的后张法预应力混凝土结构。

2.1.8 部分粘结预应力 FRP 筋混凝土结构 partially bonded FRP prestressed concrete structure

配置与混凝土之间部分区段保持粘结、部分区段保持相对滑动的预应力 FRP 筋的后张法预应力混凝土结构。

2.1.9 体外预应力 FRP 筋混凝土结构 externally FRP prestressed concrete structure

在混凝土构件截面外布置后张预应力 FRP 筋的混凝土结构。

2.1.10 横向受力筋 transverse reinforcement

垂直于纵向受力筋的箍筋或者间接筋。

2.2 符 号

2.2.1 材料性能

E_c——混凝土的弹性模量；

E_s——纵向受拉钢筋的弹性模量；

E_f——FRP 筋的弹性模量；

E_{fp}——预应力 FRP 筋的弹性模量；

f_{fd}——FRP 筋的抗拉强度设计值；

f_{fk}——FRP 筋的抗拉强度标准值；

f_{fpd}——预应力 FRP 筋的抗拉强度设计值；

f_{fpk}——预应力 FRP 筋的抗拉强度标准值；

f_c——混凝土轴心抗压强度设计值；

f_t——混凝土轴心抗拉强度设计值；

f_y——纵向受拉钢筋的抗拉强度设计值；

f'_y——受压区钢筋的抗压强度设计值；

f_{fv}——箍筋的弯拉强度设计值。

2.2.2 作用和作用效应

M——弯矩设计值；

M_k，M_q——按荷载标准组合、准永久组合计算的弯矩值；

N——轴向力设计值；

V——构件斜截面上的最大剪力设计值；

σ_{con}——预应力 FRP 筋的张拉控制应力值；

σ_{fpu}——无粘结预应力 FRP 筋极限应力设计值；

σ_{fp}——预应力 FRP 筋的应力；

f_{fp0}——预应力 FRP 筋合力点处混凝土法向应力等于零时的预应力 FRP 筋的应力；

σ_{pc}——扣除全部预应力损失后，由预加力在抗裂验算边缘产生的混凝土预压应力；

N_{p0}——计算截面上混凝土法向预应力等于零时的纵向预应力筋及非预应力筋合力。

2.2.3 几何参数

A_f，A'_f——受拉区、受压区纵向非预应力 FRP 筋的截面面积；

A_{fp}——受拉区预应力 FRP 筋的横截面面积；

A_{fv}——配置在同一截面内箍筋各肢的全部截面面积；

A_s，A'_s——受拉区、受压区纵向普通钢筋的截面面积；

b——矩形截面宽度，T 形、I 形截面的腹板宽度；

h——截面高度；

d——FRP 筋的公称直径；

x——混凝土受压区高度；

h_0——纵向受拉筋合力点至截面受压区边缘的距离；

h_{0f}——纵向受拉 FRP 筋合力点至截面受压区边缘的距离；

h_{0s}——纵向受拉钢筋合力点至截面受压区边缘的距离；

h_{0fp}——预应力 FRP 筋合力点至受压边缘的距离；

B——受弯构件的截面刚度；

I——截面惯性矩。

2.2.4　计算系数及其他

γ_f——FRP 筋的材料分项系数；

γ_e——FRP 筋的环境影响系数；

ρ_f——纵向受拉 FRP 筋的配筋率；

ψ——裂缝间纵向受拉 FRP 筋应变不均匀系数；

k——考虑孔道每米长度局部偏差的摩擦系数；

μ——预应力 FRP 筋与孔道壁之间或转向块之间的摩擦系数；

r——预应力 FRP 筋松弛损失率；

θ——考虑荷载长期作用对挠度增大的影响系数。

3 材 料

3.1 一般规定

3.1.1 普通 FRP 筋混凝土构件的纵向 FRP 筋可选用 GFRP 筋、CFRP 筋、AFRP 筋或 BFRP 筋。

3.1.2 预应力 FRP 筋混凝土构件中纵向受力筋的选用应按下列规定执行：

　　1 预应力筋宜选用 CFRP 筋或 AFRP 筋。

　　2 非预应力筋在一般环境和一般冻融环境时可选用普通钢筋、GFRP 筋、CFRP 筋、AFRP 筋或 BFRP 筋；在除冰盐环境、近海或海洋环境、盐结晶环境、大气污染环境以及化学腐蚀环境中，非预应力筋宜选用环氧涂层钢筋、不锈钢钢筋、GFRP 筋、CFRP 筋、AFRP 筋或 BFRP 筋。

3.1.3 横向受力筋可选用 GFRP 筋、CFRP 筋、AFRP 筋或 BFRP 筋。

3.2 FRP 筋

3.2.1 GFRP 筋中的玻璃纤维应使用高强型、含碱量小于 0.8% 的无碱玻璃纤维或耐碱玻璃纤维，不得使用中碱玻璃纤维及高碱玻璃纤维。

3.2.2 FRP 筋的纤维体积含量应不小于 60%。

3.2.3 FRP 筋的强度标准值应具有不小于 95% 的保证率，弹性模量和伸长率应取平均值。FRP 筋的力学性能应符合表 3.2.3 的规定。

表 3.2.3 FRP 筋的主要力学性能指标

FRP 筋类型	抗拉强度标准值 （N/mm²）		弹性模量 （N/mm²）	伸长率 （%）
CFRP 筋	≥1 800		≥1.4×10⁵	≥1.5
AFRP 筋	≥1 300		≥6.5×10⁴	≥2.0
GFRP 筋	d≤10 mm	≥700	≥4.5×10⁴	≥2.0
	22 mm≥d>10 mm	≥600		≥1.8
	d>22 mm	≥500		≥1.5
BFRP 筋	d≤10 mm	≥1 300	≥5.0×10⁴	≥2.6
	22 mm≥d>10 mm	≥1 000		≥2.0
	d>22 mm	≥800		≥1.6

3.2.4 非预应力 FRP 筋和预应力 FRP 筋的抗拉强度设计值应按下列公式确定：

$$f_{fd} = \frac{f_{fk}}{\gamma_f \gamma_e} \tag{3.2.4-1}$$

$$f_{fpd} = \frac{f_{fpk}}{\gamma_f \gamma_e} \tag{3.2.4-2}$$

式中：f_{fd}——非预应力 FRP 筋的抗拉强度设计值（N/mm²）；

f_{fk}——非预应力 FRP 筋的抗拉强度标准值（N/mm²）；

f_{fpd}——预应力 FRP 筋的抗拉强度设计值（N/mm²）；

f_{fpk}——预应力 FRP 筋的抗拉强度标准值（N/mm²）；

γ_f——FRP 筋的材料分项系数，取 1.3；

γ_e——环境影响系数，按表 3.2.4 取值。

表 3.2.4 FRP 筋的环境影响系数 γ_e

环境条件	纤维类型	γ_e
室内环境	CFRP	1.00
	AFRP	1.20
	GFRP	1.25
	BFRP	1.00
一般室外环境	CFRP	1.10
	AFRP	1.30
	GFRP	1.40
	BFRP	1.20
海洋环境 侵蚀性环境	CFRP	1.20
	AFRP	1.50
	GFRP	1.60(强碱环境中取 2.00)
	BFRP	1.60(强碱环境中取 2.00)

3.3 混凝土与钢筋

3.3.1 FRP 筋混凝土结构构件的混凝土强度等级应符合下列规定：

1 普通 FRP 筋混凝土构件应不低于 C30。

2 预应力 FRP 筋混凝土构件应不低于 C40。

3.3.2 普通钢筋可选用 HPB300、HRB400、HRB500、HRBF400、HRBF500 和 RRB400 钢筋，选用的钢筋应符合现行国家标准《钢筋混凝土用钢 第 1 部分：热轧光圆钢筋》GB/T 1499.1 或《钢筋混凝土用钢 第 2 部分：带肋钢筋》GB/T 1499.2 的规定。

3.3.3 环氧涂层钢筋的力学性能指标应符合现行国家标准《钢筋混凝土用环氧涂层钢筋》GB/T 25826 的规定。

3.3.4 不锈钢钢筋的力学性能指标应符合现行行业标准《钢筋

混凝土用不锈钢钢筋》YB/T 4362 的规定。

3.4 锚具系统

3.4.1 预应力 FRP 筋锚具可采用机械式、粘结式或混合式的锚固方式。预应力 FRP 筋锚具应根据 FRP 筋的品种、张拉力值及工程应用的环境类型选用适当类型的锚具，并应采取措施降低因锚固对 FRP 筋产生的环向剪切应力。

3.4.2 预应力 FRP 筋用锚具、夹具和连接器应具有可靠的锚固性能、足够的承载能力和良好的适用性，应能保证充分发挥预应力 FRP 筋的抗拉强度，并安全地实现预应力张拉作业，其静载锚固性能及疲劳性能应符合现行国家标准《预应力筋用锚具、夹具和连接器》GB/T 14370 和现行行业标准《预应力筋用锚具、夹具和连接器应用技术规程》JGJ 85 的有关规定。

4 基本设计规定

4.1 一般规定

4.1.1 本标准采用以概率理论为基础的极限状态设计方法,以可靠指标度量结构构件的可靠度,采用分项系数的设计表达式进行设计。

4.1.2 FRP 筋混凝土结构应按现行国家标准《混凝土结构设计规范》GB 50010 的规定进行结构计算,并应符合下列规定:

    1 FRP 筋混凝土结构的分析模型应能反映结构的实际受力状况。

    2 当预应力 FRP 筋混凝土结构在施工阶段和使用阶段有多种受力状况时,预应力效应宜分别进行结构分析。

4.1.3 FRP 筋混凝土结构应进行下列两类极限状态设计:

    1 承载能力极限状态:对应于结构及其构件达到最大承载能力或出现不适于继续承载的变形或变位的状态。

    2 正常使用极限状态:对应于结构及其构件达到正常使用或耐久性的某项限值的状态。

4.1.4 FRP 筋混凝土结构的安全等级和设计使用年限,应符合现行国家标准《工程结构可靠性设计统一标准》GB 50153 的规定。

4.1.5 预应力 FRP 筋混凝土结构设计应计入预应力作用效应;对超静定结构,相应的次内力应参与组合计算。

    对承载能力极限状态,当预应力作用效应对结构有利时,预应力分项系数 γ_p 应取 1.0;不利时 γ_p 应取 1.2。对正常使用极限状态,预应力分项系数 γ_p 应取 1.0。

对参与组合的预应力作用效应项,当预应力作用效应对承载力有利时,结构重要性系数 γ_0 应取 1.0;当预应力作用效应对承载力不利时,结构重要性系数 γ_0 应符合本标准 4.2.2 条的规定。

4.2 承载能力极限状态计算

4.2.1 FRP 筋混凝土结构的承载力极限状态计算应包括下列内容:

1 结构构件应进行承载力(包括失稳)计算。

2 直接承受重复荷载的构件应进行疲劳验算。

3 有抗震设防要求时,应进行抗震承载力计算。

4 有必要时,尚应进行结构的倾覆、滑移、漂浮验算。

5 对于可能遭受偶然作用,且倒塌可能引起严重后果的重要结构,宜进行防连续倒塌设计。

4.2.2 FRP 筋混凝土结构构件,承载能力极限状态计算应采用下列表达式:

$$\gamma_0 S \leqslant R \qquad (4.2.2)$$

式中:γ_0——结构重要性系数:在持久设计状况和短暂设计状况下,对安全等级为一级的结构构件不应小于 1.1,对安全等级为二级的结构构件不应小于 1.0,对安全等级为三级的结构构件不应小于 0.9,对地震设计状况下应取 1.0;

S——承载能力极限状态下作用组合的效应设计值:对持久设计状况和短暂设计状况按作用的基本组合计算,对地震设计状况应按作用的地震组合计算;

R——结构构件的抗力设计值。

4.3 正常使用极限状态验算

4.3.1 FRP 筋混凝土结构构件应根据其使用功能及外观要求，除应进行构件的变形、受力裂缝宽度、混凝土拉应力验算外，尚应进行受拉 FRP 筋应力验算。

4.3.2 FRP 筋混凝土结构构件，应分别按荷载的准永久组合并考虑长期作用的影响或标准组合并考虑长期作用的影响，采用下列极限状态设计表达式进行验算：

$$S \leqslant C \qquad (4.3.2)$$

式中：S——正常使用极限状态荷载组合的效应设计值；

C——结构构件达到正常使用要求所规定的变形、应力和裂缝宽度的限值。

4.3.3 普通 FRP 筋混凝土受弯构件的最大挠度应按荷载的准永久组合，预应力 FRP 混凝土受弯构件的最大挠度应按荷载的标准组合，并均应考虑荷载长期作用的影响进行计算，其挠度限值应符合现行国家标准《混凝土结构设计规范》GB 50010 的有关规定。

4.3.4 FRP 筋混凝土结构构件正截面的受力裂缝控制等级分为三级，等级划分及要求应符合现行国家标准《混凝土结构设计规范》GB 50010 的有关规定。

4.3.5 对允许出现裂缝的普通 FRP 筋混凝土构件，按荷载准永久组合并考虑长期作用影响计算时，构件最大裂缝宽度不应超过表 4.3.5 规定的最大裂缝宽度限值 ω_{lim}。对允许出现裂缝的预应力 FRP 筋混凝土构件，按荷载标准组合并考虑长期作用的影响计算时，构件的最大裂缝宽度不应超过表 4.3.5 规定的最大裂缝

宽度限值 $\omega_{\lim}$；对于二 a 类环境的预应力 FRP 筋混凝土构件，尚应按荷载准永久组合计算，且构件受拉边缘混凝土的拉应力不应大于混凝土的抗拉强度标准值。

表 4.3.5　结构构件的最大裂缝宽度限值 $\omega_{\lim}$

结构类型	非预应力筋类型	环境类别			
		一	二 a	二 b	三 a、三 b
普通 FRP 筋混凝土结构	—	0.50 mm			
预应力 FRP 筋混凝土结构	FRP 筋	0.50 mm			
	普通钢筋	0.20 mm	0.10 mm	—	—
	环氧涂层钢筋	0.20 mm			
	不锈钢钢筋	0.20 mm			

注：环境类别应符合现行国家标准《混凝土结构设计规范》GB 50010 的有关规定。

5 承载能力极限状态计算

5.1 一般规定

5.1.1 混凝土受压的应力-应变关系可参照现行国家标准《混凝土结构设计规范》GB 50010 的规定采用。

5.1.2 对于受弯构件,可不计入受压区 FRP 筋对正截面承载力的作用。对于受压构件,可计入受压区 FRP 筋对正截面承载力的作用。

5.1.3 计算先张法预应力 FRP 筋混凝土构件端部锚固区的正截面和斜截面抗弯承载力时,锚固区内预应力 FRP 筋的抗拉强度设计值,在锚固起点取为零,在锚固终点取为 f_{fpd},两点之间按线性内插法取值。预应力 FRP 筋的预应力锚固长度 l_a 应按下式计算,且不应小于 $65d$。

$$l_a = \frac{f_{fpd}}{8f_t}d \qquad (5.1.3)$$

式中:f_{fpd}——预应力 FRP 筋的抗拉强度设计值(N/mm²);

f_t——混凝土轴心抗拉强度设计值(N/mm²);

d——预应力 FRP 筋的直径(mm)。

5.2 正截面承载力计算

（Ⅰ）普通 FRP 筋混凝土受弯构件正截面承载力计算

5.2.1 普通 FRP 筋混凝土受弯构件的正截面受弯承载力应按下列基本假定进行计算:

1 截面应变保持平面。

2 不考虑混凝土的抗拉强度。

3 受拉 FRP 筋的应力等于 FRP 筋应变与其弹性模量的乘积,但其绝对值不应大于其抗拉强度设计值 f_{fd}。

5.2.2 纵向受拉 FRP 筋达到抗拉强度设计值与受压区混凝土破坏同时发生的相对界限受压区高度 ξ_{fb},应按下式计算:

$$\xi_{fb} = \frac{\beta_1 \varepsilon_{cu}}{\varepsilon_{cu} + f_{fd}/E_f} \qquad (5.2.2)$$

式中: β_1——系数(当混凝土强度等级不超过 C50 时,β_1 取为 0.80;当混凝土强度等级为 C80 时,β_1 取为 0.74;其间按线性内插法确定);

ε_{cu}——正截面混凝土极限压应变,可按现行国家标准《混凝土结构设计规范》GB 50010 的规定确定;

E_f——FRP 筋的弹性模量(N/mm²);

f_{fd}——FRP 筋的抗拉强度设计值(N/mm²)。

5.2.3 纵向受拉 FRP 筋达到抗拉强度设计值与受压区混凝土破坏同时发生的等效界限配筋率 $\rho_{ef,b}$,可按下式计算:

$$\rho_{ef,b} = \frac{\alpha_1 f_c}{f_{fd}} \xi_{fb} \qquad (5.2.3)$$

式中: $\rho_{ef,b}$——当 FRP 筋达到抗拉强度设计值与受压区边缘混凝土达到极限压应变同时发生时,构件的等效界限配筋率;

α_1——系数(当混凝土强度等级不超过 C50 时,α_1 取为 1.00;当混凝土强度等级为 C80 时,α_1 取为 0.94;其间按线性内插法确定);

f_c——混凝土轴心抗压强度设计值(N/mm²)。

5.2.4 普通 FRP 筋混凝土受弯构件纵向受力 FRP 筋的等效配筋率 ρ_{ef},可按下列公式计算:

1 矩形截面或翼缘位于受拉区的 T 形截面

$$\rho_{ef} = \frac{A_f}{bh_{0f}} \tag{5.2.4-1}$$

2 翼缘位于受压区的 T 形、I 形截面

$$\rho_{ef} = \frac{A_f}{bh_{0f}} - \frac{\alpha_1 f_c}{f_{fd}} \frac{(b'_f - b)h'_f}{bh_{0f}} \tag{5.2.4-2}$$

式中：h'_f——T 形、I 形截面受压翼缘厚度（mm）；

    b——矩形截面的宽度或 T 形、I 形截面的腹板宽度（mm）；

    b'_f——T 形、I 形截面受压区的翼缘计算宽度（mm），矩形截面取 $b'_f = b$；

    h_{0f}——截面有效高度（mm）；

    A_f——受拉区纵向 FRP 筋的截面面积（mm²）。

5.2.5 矩形截面或翼缘位于受拉区的 T 形截面普通 FRP 筋混凝土受弯构件，其正截面受弯承载力应符合下列规定：

1 当 $\rho_{ef} < 1.5\rho_{ef,b}$ 时

$$M \leqslant f_{fd}A_f\left(h_{0f} - \frac{x}{2}\right) \tag{5.2.5-1}$$

混凝土受压区高度 x 应按下式计算：

$$x = \left(0.25 + 0.75\frac{\rho_{ef}}{\rho_{ef,b}}\right)\xi_{fb}h_{0f} \tag{5.2.5-2}$$

2 当 $\rho_{ef} \geqslant 1.5\rho_{ef,b}$ 时

$$M \leqslant \sigma_f A_f\left(h_{0f} - \frac{x}{2}\right) \tag{5.2.5-3}$$

混凝土受压区高度 x 和 FRP 筋的应力 σ_f 应按下列公式计算：

$$\alpha_1 f_c bx = \sigma_f A_f \tag{5.2.5-4}$$

$$\sigma_f = E_f \varepsilon_{cu} \left(\frac{\beta_1 h_{0f}}{x} - 1 \right) \leqslant f_{fd} \qquad (5.2.5\text{-}5)$$

式中：M——弯矩设计值（N·mm）；

x——等效矩形应力图的混凝土受压区高度（mm）；

σ_f——FRP 筋的应力（N/mm²）；

ρ_{ef}——等效配筋率，按式（5.2.4-1）计算。

5.2.6 翼缘位于受压区的 T 形、I 形截面 FRP 筋混凝土受弯构件（图 5.2.6），其正截面承载力计算应符合下列规定：

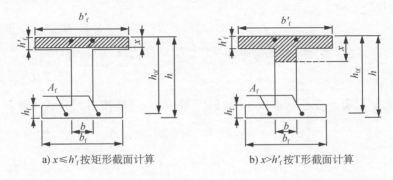

a) $x \leqslant h'_f$ 按矩形截面计算   b) $x > h'_f$ 按 T 形截面计算

图 5.2.6 T 形、I 形截面 FRP 筋混凝土受弯构件正截面承载力计算

1 当第 5.2.5 条规定计算的 x 满足下列条件时，应按宽度为 b'_f 的矩形截面计算：

$$x \leqslant h'_f \qquad (5.2.6\text{-}1)$$

2 当第 5.2.5 条规定计算的 x 不满足式（5.2.6-1）的条件时，应符合下列规定：

1）当 $\rho_{ef} < 1.5 \rho_{ef,b}$ 时

$$M \leqslant f_{fd} A_f \left(h_{0f} - \frac{x}{2} \right) + \alpha f_c (b'_f - b) h'_f \left(\frac{x}{2} - \frac{h'_f}{2} \right)$$

$$(5.2.6\text{-}2)$$

混凝土受压区高度 x，应按下式计算：

$$x = \left[\left(0.15 + 0.1\frac{b'_f}{b}\right) + \left(0.85 - 0.1\frac{b'_f}{b}\right)\frac{\rho_{ef}}{\rho_{ef,b}}\right]\xi_{fb}h_{0f}$$

（5.2.6-3）

混凝土受压区等效矩形应力图形的强度折减系数 α，应按下式计算：

$$\alpha f_c bx + \alpha f_c(b'_f - b)h'_f = f_{fd}A_f \qquad (5.2.6-4)$$

2）当 $\rho_{ef} \geqslant 1.5\rho_{ef,b}$ 时

$$M \leqslant \sigma_f A_f\left(h_{0f} - \frac{x}{2}\right) + \alpha_1 f_c(b'_f - b)h'_f\left(\frac{x}{2} - \frac{h'_f}{2}\right)$$

（5.2.6-5）

混凝土受压区高度 x 和 FRP 筋应力 σ_f，应按下列公式计算：

$$\alpha_1 f_c bx + \alpha_1 f_c(b'_f - b)h'_f = \sigma_f A_f \qquad (5.2.6-6)$$

$$\sigma_f = E_f \varepsilon_{cu}\left(\frac{\beta_1 h_{0f}}{x} - 1\right) \leqslant f_{fd} \qquad (5.2.6-7)$$

式中：ρ_{ef}——等效配筋率，按式（5.2.4-2）计算；

α——系数，当 $\alpha > \alpha_1$ 时，取 $\alpha = \alpha_1$。

（Ⅱ）有粘结预应力 FRP 筋混凝土受弯构件正截面承载力计算

5.2.7 有粘结预应力 FRP 筋混凝土受弯构件，其正截面受弯承载力应按下列基本假定进行计算：

1 截面应变保持平面。

2 不考虑混凝土的抗拉强度。

3 预应力 FRP 筋的应力等于预应力 FRP 筋应变与弹性模量的乘积，且不大于抗拉强度设计值 f_{fpd}。

4 非预应力 FRP 筋的应力等于非预应力 FRP 筋应变与弹

性模量的乘积,且不大于抗拉强度设计值 f_{fd}。

    5   非预应力钢筋的应力等于钢筋应变与其弹性模量的乘积,但其值应符合下式的要求:

$$f'_y \leqslant \sigma_s \leqslant f_y \tag{5.2.7}$$

式中:σ_s——纵向非预应力钢筋的应力(N/mm²);

f_y,f'_y——纵向非预应力钢筋的抗拉强度设计值和抗压强度设计值(N/mm²)。

5.2.8 纵向预应力 FRP 筋达到抗拉强度设计值与受压区混凝土破坏同时发生的相对界限受压区高度 $\xi_{fp,b}$,可按下式计算:

$$\xi_{fp,b} = \frac{\beta_1 \varepsilon_{cu}}{\varepsilon_{cu} + (f_{fpd} - \sigma_{fp0})/E_{fp}} \tag{5.2.8}$$

式中:E_{fp}——预应力 FRP 筋的弹性模量(N/mm²);

σ_{fp0}——预应力 FRP 筋合力点处混凝土法向应力等于零时的预应力 FRP 筋的应力(N/mm²),按第 6.1.5 条规定确定;

f_{fpd}——预应力 FRP 筋的抗拉强度设计值(N/mm²)。

5.2.9 纵向预应力 FRP 筋达到抗拉强度设计值与受压区混凝土破坏同时发生的等效界限配筋率 $\rho_{efp,b}$,可按下式计算:

$$\rho_{efp,b} = \frac{\alpha_1 f_c}{f_{fpd}} \xi_{fp,b} \tag{5.2.9}$$

5.2.10 同时配置有粘结预应力 FRP 筋和非预应力钢筋的混凝土受弯构件,其纵向非预应力受拉钢筋屈服与受压区混凝土破坏同时发生时的相对界限受压区高度 $\xi_{s,b}$,可按下式计算:

$$\xi_{s,b} = \frac{\beta_1 \varepsilon_{cu}}{\varepsilon_{cu} + f_y/E_s} \tag{5.2.10}$$

式中:E_s——纵向受拉钢筋的弹性模量(N/mm²)。

5.2.11 同时配置有粘结预应力 FRP 筋和非预应力钢筋的混凝

土受弯构件,其等效配筋率 ρ_{efp} 可按下列公式计算:

1 矩形截面或翼缘位于受拉区的 T 形截面受弯构件

$$\rho_{efp} = \frac{A_{fp}}{bh_{0fp}} + \frac{A_s}{bh_{0fp}} \frac{f_y}{f_{fpd}} - \frac{A_s'}{bh_{0fp}} \frac{f_y'}{f_{fpd}} \qquad (5.2.11\text{-}1)$$

2 翼缘位于受压区的 T 形、I 形截面受弯构件

$$\rho_{efp} = \frac{A_{fp}}{bh_{0fp}} + \frac{A_s}{bh_{0fp}} \frac{f_y}{f_{fpd}} - \frac{A_s'}{bh_{0fp}} \frac{f_y'}{f_{fpd}} - \frac{\alpha_1 f_c}{f_{fpd}} \frac{(b_f' - b)h_f'}{bh_{0fp}}$$

$$(5.2.11\text{-}2)$$

式中:A_{fp}——受拉区纵向预应力 FRP 筋的截面面积(mm^2);

A_s,A_s'——受拉区、受压区纵向非预应力钢筋的截面面积(mm^2);

h_{0fp}——预应力 FRP 筋合力作用点到构件顶面的距离(mm)。

5.2.12 同时配置有粘结预应力 FRP 筋和非预应力钢筋的矩形截面或翼缘位于受拉区的 T 形截面受弯构件,其正截面受弯承载力应符合下列规定:

1 当 $\rho_{efp} < \rho_{efp,b}$ 时

$$M \leqslant A_s' f_y' \left(\frac{x}{2} - a_s'\right) + A_s f_y \left(h_{0s} - \frac{x}{2}\right) + A_{fp} f_{fpd} \left(h_{0fp} - \frac{x}{2}\right)$$

$$(5.2.12\text{-}1)$$

混凝土受压区高度 x 应按下式计算:

$$x = \left(0.25 + 0.75 \frac{\rho_{efp}}{\rho_{efp,b}}\right) \xi_{fp,b} h_{0fp} \qquad (5.2.12\text{-}2)$$

2 当 $\rho_{efp} \geqslant \rho_{efp,b}$ 时

$$M \leqslant A_s' f_y' \left(\frac{x}{2} - a_s'\right) + A_s f_y \left(h_{0s} - \frac{x}{2}\right) + A_{fp} \sigma_{fp} \left(h_{0fp} - \frac{x}{2}\right)$$

$$(5.2.12\text{-}3)$$

混凝土受压区高度 x 和预应力 FRP 筋的应力 σ_{fp} 应按下列公式计算：

$$\alpha_1 f_c bx = A_s f_y - A'_s f'_y + A_{fp}\sigma_{fp} \qquad (5.2.12\text{-}4)$$

$$x = \frac{\beta_1 \varepsilon_{cu}}{\varepsilon_{cu} + (\sigma_{fp} - \sigma_{fp0})/E_{fp}} h_{0fp} \qquad (5.2.12\text{-}5)$$

混凝土受压区高度 x 应符合下列要求：

$$x \leqslant \xi_{s,b} h_{0fp} \qquad (5.2.12\text{-}6)$$

$$x \geqslant 2a'_s \qquad (5.2.12\text{-}7)$$

式中：σ_{fp}——预应力 FRP 筋的应力（N/mm²）；

$\rho_{efp,b}$——等效界限配筋率，按式（5.2.9）计算；

ρ_{efp}——等效配筋率，按式（5.2.11-1）计算；

h_{0s}——受拉区纵向钢筋面积重心至构件顶面的距离（mm）；

a'_s——受压区纵向钢筋面积重心至构件顶面的距离（mm）。

5.2.13 同时配置有粘结预应力 FRP 筋和非预应力钢筋的翼缘位于受压区的 T 形、I 形截面受弯构件（图 5.2.13），其正截面承载力计算应符合下列规定：

1 当按第 5.2.12 条规定计算的 x 满足下列条件时，应按宽度 b'_f 的矩形截面积计算：

$$x \leqslant h'_f \qquad (5.2.13\text{-}1)$$

2 当按第 5.2.12 条规定计算的 x 不满足式（5.2.13-1）的条件时，应符合下列规定：

1） 当 $\rho_{efp} < \rho_{efp,b}$ 时

$$M \leqslant A'_s f'_y \left(\frac{x}{2} - a'_s\right) + A_s f_y \left(h_{0s} - \frac{x}{2}\right) + A_{fp} f_{fpd}\left(h_{0fp} - \frac{x}{2}\right) +$$

$$\alpha f_c (b'_f - b)h'_f \left(\frac{x}{2} - \frac{h'_f}{2}\right) \qquad (5.2.13\text{-}2)$$

混凝土受压区高度 x,应按下式计算:

$$x = \left[\left(0.15 + 0.1\frac{b_f'}{b}\right) + \left(0.85 - 0.1\frac{b_f'}{b}\right)\frac{\rho_{efp}}{\rho_{efp,b}}\right]\xi_{fp,b}h_{0fp}$$

(5.2.13-3)

混凝土受压区等效矩形应力图形的强度折减系数 α,应按下式计算:

$$\alpha f_c bx + \alpha f_c(b_f' - b)h_f' + f_y'A_s' = f_y A_s + f_{fpd}A_{fp}$$

(5.2.13-4)

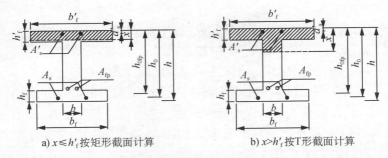

a) $x \leqslant h_f'$ 按矩形截面计算   b) $x > h_f'$ 按T形截面计算

图 5.2.13 同时配置有粘结预应力 FRP 筋和非预应力钢筋混凝土受弯构件正截面承载力计算

2）当 $\rho_{efp} \geqslant \rho_{efp,b}$ 时

$$M \leqslant A_s'f_y'\left(\frac{x}{2} - a_s'\right) + A_s f_y\left(h_{0s} - \frac{x}{2}\right) + A_{fp}\sigma_{fp}\left(h_{0fp} - \frac{x}{2}\right) +$$

$$\alpha_1 f_c(b_f' - b)h_f'\left(\frac{x}{2} - \frac{h_f'}{2}\right)$$

(5.2.13-5)

混凝土受压区高度 x 和预应力 FRP 筋应力 σ_{fp},应按下列公式计算:

$$\alpha_1 f_c bx + \alpha_1 f_c(b_f' - b)h_f' + f_y'A_s' = f_y A_s + \sigma_{fp}A_{fp}$$

(5.2.13-6)

$$x = \frac{\beta_1 \varepsilon_{cu}}{\varepsilon_{cu} + (\sigma_{fp} - \sigma_{fp0})/E_{fp}} h_{0fp} \qquad (5.2.13-7)$$

式中：ρ_{efp}——等效配筋率，按公式(5.2.11-2)计算；

$\quad\quad\ \ \alpha$——混凝土受压区等效矩形应力图形的强度折减系数；

$\quad\quad\quad\quad$ 当 $\alpha > \alpha_1$ 时，取 $\alpha = \alpha_1$。

5.2.14 同时配置有粘结预应力 FRP 筋和非预应力 FRP 筋的混凝土受弯构件，其等效配筋率 ρ_{efp} 可按下列公式计算：

1 矩形截面或翼缘位于受拉区的 T 形截面受弯构件

$$\rho_{efp} = \frac{A_{fp}}{bh_{0fp}} + \frac{A_f}{bh_{0fp}} \frac{E_f}{f_{fpd}} \left[\frac{h_{0f}}{h_{0fp}} \left(\frac{f_{fpd}}{E_{fp}} - \frac{f_{fp0}}{E_{fp}} + \varepsilon_{cu} \right) - \varepsilon_{cu} \right]$$
$$(5.2.14-1)$$

2 翼缘位于受压区的 T 形、I 形截面受弯构件

$$\rho_{efp} = \frac{A_{fp}}{bh_{0fp}} + \frac{A_f}{bh_{0fp}} \frac{E_f}{f_{fpd}} \left[\frac{h_{0f}}{h_{0fp}} \left(\frac{f_{fpd}}{E_{fp}} - \frac{f_{fp0}}{E_{fp}} + \varepsilon_{cu} \right) - \varepsilon_{cu} \right] -$$
$$\frac{\alpha_1 f_c}{f_{fpd}} \frac{(b_f' - b)h_f'}{bh_{0fp}} \qquad (5.2.14-2)$$

式中：A_f——受拉区纵向非预应力 FRP 筋的截面面积(mm^2)；

$\quad\quad\ h_{0f}$——非预应力 FRP 筋合力作用点到构件顶面的距离(mm)。

5.2.15 同时配置有粘结预应力 FRP 筋和非预应力 FRP 筋的矩形截面或翼缘位于受拉区的 T 形截面受弯构件，其正截面受弯承载力应符合下列规定：

1 当 $\rho_{efp} < \rho_{efp,b}$ 时

$$M \leqslant A_{fp} f_{fpd} \left(h_{0fp} - \frac{x}{2} \right) + A_f \sigma_f \left(h_{0f} - \frac{x}{2} \right)$$
$$(5.2.15-1)$$

混凝土受压区高度 x 应按下式计算：

$$x = \left(0.25 + 0.75 \frac{\rho_{\text{efp}}}{\rho_{\text{efp,b}}}\right) \xi_{\text{fp,b}} h_{\text{0fp}} \qquad (5.2.15\text{-}2)$$

非预应力 FRP 筋的应力 σ_{f} 应按下式计算：

$$\sigma_{\text{f}} = \frac{E_{\text{f}}}{E_{\text{fp}}} \left(\frac{\beta_1 h_{\text{0f}} - x \xi_{\text{fp,b}}}{\beta_1 h_{\text{0fp}} - x \xi_{\text{fp,b}}}\right) (f_{\text{fpd}} - \sigma_{\text{fp0}}) \leqslant f_{\text{fd}}$$

$$(5.2.15\text{-}3)$$

2 当 $\rho_{\text{efp}} \geqslant \rho_{\text{efp,b}}$ 时

$$M \leqslant A_{\text{fp}} \sigma_{\text{fp}} \left(h_{\text{0fp}} - \frac{x}{2}\right) + A_{\text{fp}} \sigma_{\text{f}} \left(h_{\text{0f}} - \frac{x}{2}\right)$$

$$(5.2.15\text{-}4)$$

混凝土受压区高度 x、预应力 FRP 筋的应力 σ_{fp} 和非预应力 FRP 筋的应力 σ_{f}，应联立下列公式计算：

$$\alpha_1 f_{\text{c}} b x = A_{\text{fp}} \sigma_{\text{fp}} + A_{\text{f}} \sigma_{\text{f}} \qquad (5.2.15\text{-}5)$$

$$\sigma_{\text{fp}} = E_{\text{fp}} \left(\frac{\beta_1 h_{\text{0fp}} \varepsilon_{\text{cu}}}{x} + \frac{\sigma_{\text{fp0}}}{E_{\text{fp}}} - \varepsilon_{\text{cu}}\right) \leqslant f_{\text{fpd}} \qquad (5.2.15\text{-}6)$$

$$\sigma_{\text{f}} = E_{\text{f}} \varepsilon_{\text{cu}} \frac{\beta_1 h_{\text{0f}} - x}{x} \leqslant f_{\text{fd}} \qquad (5.2.15\text{-}7)$$

式中：σ_{fp}——预应力 FRP 筋的应力（N/mm²）；

$\rho_{\text{efp,b}}$——等效界限配筋率，按式（5.2.9）计算；

ρ_{efp}——等效配筋率，按式（5.2.14-1）计算；

h_{0f}——受拉区纵向非预应力 FRP 筋面积重心至构件顶面的
距离（mm）。

5.2.16 同时配置有粘结预应力 FRP 筋和非预应力 FRP 筋的翼缘位于受压区的 T 形、I 形截面受弯构件（图 5.2.16），其正截面承载力计算应符合下列规定：

1 当按第 5.2.15 条规定计算的 x 满足下列条件时，应按宽度为 b_{f}' 的矩形截面计算：

$$x \leqslant h_{\text{f}}' \qquad (5.2.16\text{-}1)$$

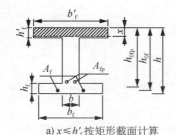

a) $x \leqslant h'_f$ 按矩形截面计算

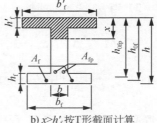

b) $x > h'_f$ 按T形截面计算

图 5.2.16 同时配置有粘结预应力 FRP 筋和非预应力 FRP 筋混凝土受弯构件正截面承载力计算

2 当按第 5.2.15 条规定计算的 x 不满足式(5.2.16-1)的条件时,应符合下列规定:

1)当 $\rho_{efp} < \rho_{efp,b}$ 时

$$M \leqslant A_f \sigma_f \left(h_{0f} - \frac{x}{2} \right) + A_{fp} f_{fpd} \left(h_{0fp} - \frac{x}{2} \right) +$$
$$\alpha f_c (b'_f - b) h'_f \left(\frac{x}{2} - \frac{h'_f}{2} \right) \tag{5.2.16-2}$$

混凝土受压区高度 x,应按下式计算:

$$x = \left[\left(0.15 + 0.1 \frac{b'_f}{b} \right) + \left(0.85 - 0.1 \frac{b'_f}{b} \right) \frac{\rho_{efp}}{\rho_{efp,b}} \right] \xi_{fp,b} h_{0fp} \tag{5.2.16-3}$$

非预应力 FRP 筋的应力,应按下式计算:

$$\sigma_f = \frac{E_f}{E_{fp}} \left(\frac{\beta_1 h_{0f} - x \xi_{fp,b}}{\beta_1 h_{0fp} - x \xi_{fp,b}} \right) (f_{fpd} - f_{fp0}) \leqslant f_{fd} \tag{5.2.16-4}$$

混凝土受压区等效矩形应力图形的强度折减系数 α,应按下式计算:

$$\alpha f_c b x + \alpha f_c (b'_f - b) h'_f = A_f \sigma_f + f_{fpd} A_{fp} \tag{5.2.16-5}$$

2) 当 $\rho_{\text{efp}} \geqslant \rho_{\text{efp,b}}$ 时

$$M \leqslant A_f \sigma_f \left(h_{0s} - \frac{x}{2}\right) + A_{fp} \sigma_{fp} \left(h_{0fp} - \frac{x}{2}\right) +$$

$$\alpha_1 f_c (b'_f - b) h'_f \left(\frac{x}{2} - \frac{h'_f}{2}\right) \qquad (5.2.16\text{-}6)$$

混凝土受压区高度 x、预应力 FRP 筋的应力 σ_{fp} 和非预应力 FRP 筋的应力 σ_f,应联立下列公式计算:

$$\alpha_1 f_c bx + \alpha_1 f_c (b'_f - b) h'_f = \sigma_{fp} A_{fp} + A_f \sigma_f$$
$$(5.2.16\text{-}7)$$

$$\sigma_{fp} = E_{fp} \left(\frac{\beta_1 h_{0fp} \varepsilon_{cu}}{x} + \frac{\sigma_{fp0}}{E_{fp}} - \varepsilon_{cu}\right) \leqslant f_{fpd} \qquad (5.2.16\text{-}8)$$

$$\sigma_f = E_f \varepsilon_{cu} \frac{\beta_1 h_{0f} - x}{x} \leqslant f_{fd} \qquad (5.2.16\text{-}9)$$

式中:ρ_{efp}——等效配筋率,按式(5.2.14-2)计算;

α——混凝土受压区等效矩形应力图形的强度折减系数, 当 $\alpha > \alpha_1$ 时,取 $\alpha = \alpha_1$。

(Ⅲ) 部分粘结预应力 FRP 筋混凝土受弯构件正截面承载力计算

5.2.17 部分粘结预应力 FRP 筋混凝土受弯构件(图 5.2.17), 其正截面受弯承载力应符合下列规定:

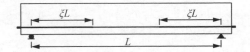

图 5.2.17 部分粘结预应力 FRP 筋混凝土受弯构件示意图

1 同时配部分粘结预应力 FRP 筋和非预应力钢筋

$$M \leqslant f'_y A_s \left(\frac{x}{2} - a'_s \right) + f_y A_s \left(h_{0s} - \frac{x}{2} \right) + A_{fp} \sigma_{fpu} \left(h_{0fp} - \frac{x}{2} \right) +$$

$$\alpha_1 f_c (b'_f - b) h'_f \left(\frac{x}{2} - \frac{h'_f}{2} \right) \qquad (5.2.17\text{-}1)$$

2 同时配部分粘结预应力 FRP 筋和非预应力 FRP 筋

$$M \leqslant A_f \sigma_f \left(h_{0f} - \frac{x}{2} \right) + A_{fp} \sigma_{fpu} \left(h_{0fp} - \frac{x}{2} \right) +$$

$$\alpha_1 f_c (b'_f - b) h'_f \left(\frac{x}{2} - \frac{h'_f}{2} \right) \qquad (5.2.17\text{-}2)$$

非预应力 FRP 筋应力 σ_f,应按下式计算:

$$\sigma_f = E_f \varepsilon_{cu} \frac{h_{0f} - x_0}{x_0} \leqslant f_{fd} \qquad (5.2.17\text{-}3)$$

式中:A_{fp}——部分粘结预应力 FRP 筋的截面面积(mm^2);

A_f——非预应力 FRP 筋的截面面积(mm^2);

E_f——非预应力 FRP 筋的弹性模量(N/mm^2);

h_{0f}——非预应力 FRP 筋合力作用点到构件顶面的距离(mm);

h_{0fp}——部分粘结预应力 FRP 筋合力点距构件顶面的距离(mm);

h_{0s}——非预应力钢筋合力作用点到构件顶面的距离(mm);

b'_f——T 形、I 形截面受压区的翼缘计算宽度(mm)(对于矩形截面,取 $b'_f = b$;对于 T 形、I 形截面,当计算的 $x_0 \leqslant h'_f$ 时,取 $b'_f = b$ 重新计算);

σ_{fpu}——部分粘结预应力 FRP 筋的极限应力(N/mm^2),按第 5.2.18 条规定计算;

x——混凝土受压区高度(mm),取 $\beta_1 x_0$;

x_0——极限状态时的中和轴高度(mm),按第 5.2.19 条规定计算。

5.2.18 部分粘结预应力 FRP 筋极限应力 σ_{fpu},应按下列公式计算：

$$\sigma_{fpu} = \sigma_{fp0} + \frac{E_{fp}\varepsilon_{cu}e_m}{x_0}\frac{\chi}{(1-\xi)}\left(\frac{1}{f} + \frac{h_0}{l_0}\right)\left(1 + \frac{e_s}{2e_m}\right)\frac{l_2}{l_1} \leqslant f_{fpd}$$

$$(5.2.18\text{-}1)$$

$$\chi = 1 + 0.15\left(\frac{e_s}{e_m} - 1\right)^2 \leqslant 1.6 \qquad (5.2.18\text{-}2)$$

式中：l_0——受弯构件计算跨度(mm)；

l_1——连续梁部分粘结预应力筋两个锚固段间的总长度(mm)；

l_2——与 l_1 相关的由活荷载最不利布置图确定的荷载跨长度之和(mm)；

h_0——截面有效高度(mm)；

E_{fp}——部分粘结预应力 FRP 筋的弹性模量(N/mm^2)；

e_s, e_m——支座截面、临界截面部分粘结预应力 FRP 筋的偏心距(mm)；

χ——计算系数；

f——与荷载类型相关的系数(均布荷载起控制作用时，$f=1/6$；跨中单个集中荷载起控制作用时，$f=\infty$；跨中两个集中荷载起控制作用时，$f=1/3$)；

ξ——预应力 FRP 筋的有粘结段的相对长度，$0 \leqslant \xi < 0.5$。

5.2.19 部分粘结预应力 FRP 筋混凝土受弯构件的中和轴高度 x_0(图 5.2.19)，可按下列公式计算：

$$A_1 x_0^2 + B_1 x_0 + C_1 = 0 \qquad (5.2.19\text{-}1)$$

$$A_1 = \alpha_1 \beta_1 f_c b \qquad (5.2.19\text{-}2)$$

1 同时配部分粘结预应力 FRP 筋和非预应力钢筋

$$B_1 = f'_y A'_s - f_y A_s - A_{fp}\sigma_{fp0} + \alpha_1 f_c (b'_f - b)h'_f$$

$$(5.2.19\text{-}3)$$

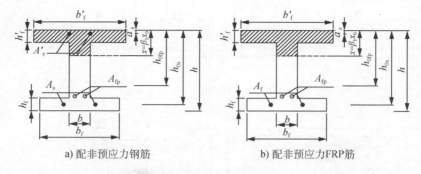

a) 配非预应力钢筋　　　　　　　b) 配非预应力FRP筋

图 5.2.19　部分粘结预应力 FRP 筋混凝土受弯构件正截面承载力计算

$$C_1 = -A_{fp}E_{fp}\varepsilon_{cu}e_m\frac{\chi}{(1-\xi)}\left(\frac{1}{f}+\frac{h_0}{l_0}\right)\left(1+\frac{e_s}{2e_m}\right)\frac{l_2}{l_1}$$

$$(5.2.19-4)$$

2　同时配部分粘结预应力 FRP 筋和非预应力 FRP 筋

$$B_1 = \alpha_1 f_c(b'_f-b)h'_f + A_f E_f\varepsilon_{cu} - A_{fp}\sigma_{fp0}$$

$$(5.2.19-5)$$

$$C_1 = -A_f E_f\varepsilon_{cu}h_{0f} - A_{fp}E_{fp}\varepsilon_{cu}e_m\frac{\chi}{(1-\xi)}\left(\frac{1}{f}+\frac{h_0}{l_0}\right)\left(1+\frac{e_s}{2e_m}\right)\frac{l_2}{l_1}$$

$$(5.2.19-6)$$

5.2.20　无粘结预应力 FRP 筋混凝土受弯构件,其正截面受弯承载力应符合第 5.2.17～第 5.2.19 条的规定。其中,预应力 FRP 筋有粘结段的相对长度 $\xi=0$。

（Ⅳ）体外预应力 FRP 筋混凝土受弯构件正截面承载力计算

5.2.21　体外预应力 FRP 筋混凝土受弯构件(图 5.2.21),其正截面受弯承载力应按下式验算:

$$M \leqslant f_y'A_s'\left(\frac{x}{2} - a_s'\right) + f_yA_s\left(h_{0s} - \frac{x}{2}\right) + A_{fp}\sigma_{fpu}$$

$$\left(h_{0fp} - \frac{x}{2} - \delta_e\right)\cos\varphi + \alpha_1f_c(b_f' - b)h_f'\left(\frac{x}{2} - \frac{h_f'}{2}\right)$$

(5. 2. 21)

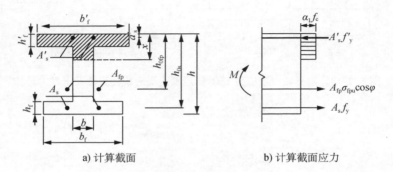

a) 计算截面   b) 计算截面应力

图 5. 2. 21   体外预应力 FRP 筋混凝土受弯构件正截面承载力计算

式中：A_{fp}——体外预应力 FRP 筋的截面面积（mm^2）；

σ_{fpu}——体外预应力 FRP 筋的极限应力（N/mm^2），按第 5. 2. 22 条规定计算；

x——混凝土受压区高度（mm），取 β_1x_0；

x_0——极限状态时的中和轴高度（mm），按第 5. 2. 24 条规定计算；

h_{0fp}——体外预应力 FRP 筋合力点距构件顶面的距离（mm）；

b_f'——T 形、I 形截面受压区的翼缘有效宽度（mm）（对于矩形截面，取 $b_f'=b$；对于 T 形、I 形截面，当计算的 $x \leqslant h_f'$ 时，取 $b_f'=b$ 重新计算）；

φ——临界截面处体外预应力 FRP 筋与构件水平方向的夹角（rad）；

δ_e——体外预应力 FRP 筋偏心距损失(mm),按第 5.2.23 条规定计算。

5.2.22 体外预应力 FRP 筋的极限应力,可按下式计算:

$$\sigma_{fpu} = \sigma_{fp0} + \frac{E_{fp}}{L_{fp}} \frac{\varepsilon_{cu}}{x_0} \frac{l_2}{l_1} X_1 \leqslant f_{fpd} \qquad (5.2.22)$$

式中:X_1——按表 5.2.22 进行计算;

E_{fp}——体外预应力 FRP 筋的弹性模量(N/mm²);

L_{fp}——锚固端之间的体外预应力 FRP 筋总长度(mm);

l_1——连续体外预应力筋两个锚固端间的总长度(mm);

l_2——与 l_1 相关的由活荷载最不利布置图确定的荷载跨长度之和(mm)。

表 5.2.22 体外预应力 FRP 筋混凝土受弯构件正截面承载力计算参数

体外预应力 FRP 筋线型	$X_1(\text{mm}^2)$
	$\dfrac{3}{2} L_p e_0 \cos \varphi$
	$\dfrac{3}{2} e_0 L_p \cos \varphi + \dfrac{1}{2} L_p L \sin \varphi$
	$\dfrac{3}{2} L_p e_0 \cos \varphi + \left(\dfrac{3}{2} - \dfrac{\Delta_1}{L} \right) L_p \Delta_1 \sin \varphi$

注:e_0 为锚固端距梁中线的距离(mm),向下为正;L_1 为锚固端到靠近转向块之间的距离(mm)(图 5.2.22)。

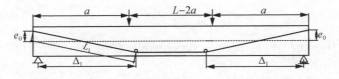

图 5.2.22 体外预应力 FRP 筋混凝土受弯构件示意图

5. 2. 23 体外预应力 FRP 筋偏心距损失 δ_e,可按下列公式计算：

1 跨中无转向块

$$\delta_e = \frac{\varepsilon_{cu} L_p L}{4x_0} \qquad (5.2.23-1)$$

2 跨中截面设置一个转向块

$$\delta_e = 0 \qquad (5.2.23-2)$$

3 跨中对称设置两个转向块(图 5.2.22)

$$\delta_e = \frac{\varepsilon_{cu} L_p L}{4x_0} \left[1 - \frac{3\Delta_1}{L} + \frac{2\Delta_1^2}{L^2} \right] \qquad (5.2.23-3)$$

式中：Δ_1——转向块至邻近支座的水平距离(mm)；

L——支座间的水平距离(mm)；

L_p——等效塑性铰区长度(mm)，取决于荷载的类型(对于均布荷载，$L_p = L/3 + h_{0s}$；对于跨中单个集中荷载，$L_p = L/10 + h_{0s}$；对于跨中两个对称集中荷载，$L_p = L - 2a + h_{0s}$)；

a——加载点至支座的距离(mm)。

5. 2. 24 体外预应力 FRP 筋混凝土受弯构件的中和轴高度 x_0,可按下列公式计算：

$$A_1 x_0^2 + B_1 x_0 + C_1 = 0 \qquad (5.2.24-1)$$

$$A_1 = a_1 \beta_1 f_c b \qquad (5.2.24-2)$$

$$B_1 = (f'_y A'_s - f_y A_s - A_{fp} \sigma_{fp0} \cos \varphi) + \alpha_1 f_c (b'_f - b) h'_f \qquad (5.2.24-3)$$

$$C_1 = -\frac{E_{fp}}{L_{fp}} X_1 A_{fp} \varepsilon_{cu} \cos \varphi \qquad (5.2.24-4)$$

（V）FRP 筋混凝土受压构件正截面承载力计算

5.2.25 FRP 筋混凝土轴心受压构件的正截面受压承载力应按下式验算：

$$N \leqslant 0.9\varphi(f_c A + 0.002 E_f A'_f) \qquad (5.2.25)$$

式中：φ——稳定系数，按现行国家标准《混凝土结构设计规范》GB 50010 的规定确定；

A'_f——全部纵向 FRP 筋的截面面积（mm^2）；

A——构件截面面积（mm^2），当纵向 FRP 筋的配筋率大于 3‰时，A 应改用 $A = A - A'_f$。

5.2.26 弯矩作用平面内截面对称的偏心受压构件，当同一主轴方向的杆端弯矩比（M_1 / M_2）不大于 0.9 且轴压比不大于 0.9 时，若构件的长细比满足式（5.2.26）的要求，可不考虑轴向压力在该方向挠曲杆件中产生的附加弯矩影响；否则应根据第 5.2.27 条的规定，按截面的两个主轴方向分别考虑轴向压力在挠曲杆件中产生的附加弯矩影响。

$$l_c / i \leqslant 29 - 12(M_1 / M_2) \qquad (5.2.26)$$

式中：M_1，M_2——分别为已考虑侧移影响的偏心受压构件两端截面按结构弹性分析确定的对同一主轴的组合弯矩设计值（N·mm），绝对值较大端为 M_2，绝对值较小端为 M_1，当构件按单曲率弯曲时，M_1 / M_2 取正值，否则取负值；

l_c——构件的计算长度（mm），可近似取偏心受压构件相应主轴方向上下支撑点之间的距离；

i——偏心方向的截面回转半径（mm）。

5.2.27 除排架柱外，其他偏心受压构件考虑轴向压力在挠曲杆件中产生的二阶效应后控制截面的弯矩设计值，应按下列公式计算：

$$M = C_{\text{m}} \eta_{\text{ns}} M_2 \tag{5.2.27-1}$$

$$C_{\text{m}} = 0.7 + 0.3 \frac{M_1}{M_2} \tag{5.2.27-2}$$

$$\eta_{\text{ns}} = 1 + \frac{1}{1\,000(M_2/N + e_{\text{a}})/h_0} \left(\frac{l_{\text{c}}}{h}\right)^2 \zeta_{\text{c}} \tag{5.2.27-3}$$

$$\zeta_{\text{c}} \frac{0.5 f_{\text{c}} A}{N} \tag{5.2.27-4}$$

式中：C_{m}——构件端截面偏心距调整系数，当小于 0.7 时取 0.7；

η_{ns}——弯矩放大系数；

N——与弯矩设计值 M_2 相应的轴向力设计值（N）；

e_{a}——附加偏心距（mm），取 20 mm 和偏心方向截面最大尺寸的 1/30 中的较大值；

ζ_{c}——截面曲率修正系数，当计算值大于 1.0 时取 1.0；

h——截面高度（mm），对环形截面取外直径，对于圆形截面取直径；

h_0——截面有效高度（mm），对环形截面和圆形截面，h_0 的取值应符合现行国家标准《混凝土结构设计规范》GB 50010 第 6.2.4 条的规定；

A——构件截面面积（mm^2）。

5.2.28 矩形截面偏心受压构件正截面受压承载力应按下列公式验算：

$$N \leqslant \alpha_1 f_{\text{c}} b x - \sigma_{\text{f}} A_{\text{f}} + \sigma_{\text{f}}' A_{\text{f}}' \tag{5.2.28-1}$$

$$Ne \leqslant \alpha_1 f_{\text{c}} b x \left(h_{0\text{f}} - \frac{x}{2}\right) + \sigma_{\text{f}}' A_{\text{f}}' (h_{0\text{f}} - a_{\text{f}}') \tag{5.2.28-2}$$

$$\sigma_{\text{f}} = \varepsilon_{\text{cu}} \left(\frac{\beta_1 h_{0\text{f}}}{x} - 1\right) E_{\text{f}} \leqslant f_{\text{fd}} \tag{5.2.28-3}$$

$$\sigma_f' = \varepsilon_{cu}\left(1 - \frac{\beta_1 a_f'}{x}\right)E_f \qquad (5.2.28-4)$$

$$e = e_i + \frac{h}{2} - a_f \qquad (5.2.28-5)$$

$$e_i = e_0 + e_a \qquad (5.2.28-6)$$

式中：x——等效矩形应力图的混凝土受压区高度(mm)；

A_f，A_f'——受拉区、受压区纵向 FRP 筋的截面面积(mm²)；

e_i——初始偏心距(mm)；

e_0——轴向压力对截面重心的偏心距(mm)，取为 M/N，当需要考虑二阶效应时，M 为按第 5.2.27 条规定确定的弯矩设计值；

a_f，a_f'——纵向受拉和受压 FRP 筋的合力点至截面近边缘的距离(mm)；

σ_f，σ_f'——破坏时受拉区、受压区纵向 FRP 筋的应力(N/mm²)，σ_f 受拉为正，σ_f' 受压为正。

5.2.29 沿周边均匀配置纵向 FRP 筋的圆形截面偏心受压构件(图 5.2.29)，其正截面受压承载力应按下列公式验算：

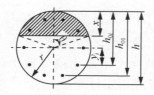

图 5.2.29 圆形截面 FRP 筋混凝土偏心受压构件正截面承载力计算

$$Ne_i \leqslant \frac{2}{3}f_c r^3 \sin^3\theta + \sum_{i=1}^n \sigma_{fi}A_{fi}(r - y_i) \quad (5.2.29-1)$$

$$N \leqslant f_c r^2(\theta - \sin\theta\cos\theta) + \sum_{i=1}^n \sigma_{fi}A_{fi} \quad (5.2.29-2)$$

$$\cos \theta = 1 - \frac{x}{r} \qquad (5.2.29\text{-}3)$$

$$\sigma_{fi} = E_f \varepsilon_{cu} \left(\frac{\beta h_{0i}}{x} - 1 \right) \qquad (5.2.29\text{-}4)$$

式中：x——混凝土受压区高度（mm）；

r——圆形截面半径（mm）；

e_i——初始偏心距（mm），按式（5.2.28-6）确定；

θ——对应于混凝土受压区截面面积的圆心角的 1/2（rad），$0 \leqslant \theta \leqslant \pi$；

A_{fi}——第 i 层 FRP 筋的面积（mm²）；

h_{0i}——第 i 层 FRP 筋到构件受压顶面的距离（mm）；

y_i——第 i 层 FRP 筋到构件中心线的距离（mm）；

σ_{fi}——对应于第 i 层 FRP 筋的应力（N/mm²），受拉为正。

5.3 斜截面承载力计算

5.3.1 采用 FRP 筋作为箍筋的普通 FRP 筋混凝土构件、预应力 FRP 筋混凝土构件的斜截面受剪承载力，应按下式验算：

$$V \leqslant V_c + V_f \qquad (5.3.1)$$

式中：V——剪力设计值（N）；

V_c——构件斜截面上混凝土的受剪承载力设计值（N），按第 5.3.2 条规定计算；

V_f——构件斜截面上箍筋的受剪承载力设计值（N），按第 5.3.3 条规定计算。

5.3.2 FRP 筋混凝土构件斜截面上混凝土的受剪承载力设计值，应按下式计算：

$$V_c = 1.2 f_t bc + V_p \qquad (5.3.2\text{-}1)$$

$$V_p = 0.05 N_{p0} \qquad (5.3.2\text{-}2)$$

式中：f_t——混凝土抗拉强度设计值（N/mm²）；

　　c——截面中和轴到受压区边缘的距离（mm）；

　　b——矩形截面的宽度，T 形截面或 I 形截面的腹板宽度（mm）；

　　V_p——由预加力所提高的构件受剪承载力设计值（N）；

　　N_{p0}——计算截面上混凝土法向预应力等于零时的纵向预应力筋及非预应力筋的合力（N），按第 6.1.6 条规定计算。

5.3.3 FRP 筋混凝土受弯构件斜截面上 FRP 箍筋受剪承载力设计值，应按下列公式计算：

1 当配置垂直于构件轴线的箍筋时

$$V_f = \frac{A_{fv} f_{fv} h_{0f}}{s}$$ （5.3.3-1）

$$A_{fv} = n A_{fv1}$$ （5.3.3-2）

2 当配置非垂直于构件轴线的箍筋时

$$V_f = \frac{A_{fv} f_{fv} h_{0f}}{s}(\sin \alpha + \cos \alpha)$$ （5.3.3-3）

3 当配置连续 FRP 矩形螺旋箍筋时

$$V_f = \frac{A_{fv} f_{fv} h_{0f}}{s} \sin \alpha$$ （5.3.3-4）

式中：A_{fv}——配置在同一截面内箍筋各肢的全部截面面积（mm²）；

　　n——同一截面内箍筋的肢数；

　　A_{fv1}——单肢箍筋的截面面积（mm²）；

　　f_{fv}——箍筋的弯拉强度设计值（N/mm²），按第 5.3.4 条确定；

　　s——沿构件长度方向上的箍筋间距或螺旋筋的间距（mm）；

α——倾斜箍筋或螺旋筋与构件纵向轴线的夹角(rad)。

5.3.4 FRP箍筋的弯拉强度设计值,应按下式确定:

$$f_{fv} = \left(0.3 + 0.05 \frac{r_b}{d_b}\right) f_{fd} \leqslant 0.004 E_f \qquad (5.3.4)$$

式中:f_{fd}——FRP箍筋直线段抗拉强度设计值(N/mm²);

d_b——FRP箍筋的直径(mm);

r_b——FRP箍筋的弯折半径(mm);

E_f——FRP箍筋的弹性模量(N/mm²)。

5.4 扭曲截面承载力计算

5.4.1 FRP筋混凝土纯扭构件的受扭承载力,应按下式验算:

$$T \leqslant T_c + T_f \qquad (5.4.1)$$

式中:T——扭矩设计值(kN·m);

T_c——构件扭曲截面上混凝土的受扭承载力设计值(kN·m),按第5.4.2条规定计算;

T_f——构件扭曲截面上FRP箍筋的受扭承载力设计值(kN·m),按第5.4.3条规定计算。

5.4.2 FRP筋混凝土纯扭构件扭曲截面上混凝土的受扭承载力设计值,应按下式计算:

$$T_c = 0.25 f_t W_t \qquad (5.4.2)$$

式中:f_t——混凝土抗拉强度设计值(N/mm²);

W_t——受扭构件的截面受扭塑性抵抗矩(mm³),按现行国家标准《混凝土结构设计规范》GB 50010 第6.4.3条的规定计算。

5.4.3 FRP 筋混凝土纯扭构件扭曲截面上 FRP 箍筋的受扭承载力设计值,应按下式计算:

$$T_{\mathrm{f}} = 0.85 f_{\mathrm{fv}} \frac{A_{\mathrm{ft1}} A_{\mathrm{cor}}}{s} \tag{5.4.3}$$

式中:f_{fv}——FRP 箍筋的弯拉强度设计值(N/mm²),按第 5.3.4 条确定;

A_{ft1}——受扭计算中沿截面周边配置的箍筋单肢截面面积(mm²);

s——箍筋间距(mm);

A_{cor}——截面核心部分的面积(mm²),按现行国家标准《混凝土结构设计规范》GB 50010 第 6.4.4 条的规定计算。

6 正常使用极限状态验算

6.1 一般规定

6.1.1 预应力 FRP 筋的张拉控制应力 σ_{con} 的限值应符合表 6.1.1 的规定。

表 6.1.1 预应力 FRP 筋的张拉控制应力 σ_{con} 的限值

FRP 筋类型	CFRP 筋	AFRP 筋
σ_{con} 上限值	$0.65 f_{fpk}$	$0.55 f_{fpk}$
σ_{con} 下限值	$0.40 f_{fpk}$	$0.35 f_{fpk}$

6.1.2 在荷载准永久组合下,普通 FRP 筋混凝土构件中 FRP 筋的应力 σ_{fq}、预应力 FRP 筋混凝土构件中预应力 FRP 筋的应力 σ_{fpq},应按下列公式验算:

$$\sigma_{fq} \leqslant \frac{f_{fk}}{\gamma_{fc} \gamma_{e}} \tag{6.1.2-1}$$

$$\sigma_{fpq} \leqslant \frac{f_{fpk}}{\gamma_{fc} \gamma_{e}} \tag{6.1.2-2}$$

式中：σ_{fq}——按作用准永久组合计算的受拉 FRP 筋应力 (N/mm^2),按式(6.1.3)计算;

σ_{fpq}——按作用准永久组合计算的预应力 FRP 筋的应力 (N/mm^2),按式 (6.1.4)计算;

γ_{fc}——正常使用状态下 FRP 筋的蠕变断裂影响系数,按表 6.1.2 取值;

γ_{e}——FRP 筋的环境影响系数,按表 3.2.4 取值。

表 6.1.2　正常使用状态下 FRP 筋的蠕变断裂影响系数 γ_{fc}

FRP 筋类型	GFRP 筋	CFRP 筋	AFRP 筋	BFRP 筋
γ_{fc}	3.5	1.4	2.0	2.0

6.1.3　在荷载准永久组合下,普通 FRP 筋混凝土构件中受拉 FRP 筋的应力 σ_{fq},可按下列公式计算:

1　受弯构件

$$\sigma_{fq} = \frac{M_q}{0.9 A_f h_{0f}} \qquad (6.1.3\text{-}1)$$

2　偏心受压构件

$$\sigma_{fq} = \frac{N_q(e-z)}{A_f z} \qquad (6.1.3\text{-}2)$$

$$z = \left[0.90 - 0.12(1-\gamma_f')\left(\frac{h_{0f}}{e}\right)^2\right] h_{0f} \qquad (6.1.3\text{-}3)$$

$$e = \eta_s e_0 + y_s \qquad (6.1.3\text{-}4)$$

$$\eta_s = 1 + \frac{1}{4\,000 e_0/h_{0f}}\left(\frac{l_0}{h}\right)^2 \qquad (6.1.3\text{-}5)$$

$$\gamma_f' = \frac{(b_f'-b)h_f'}{b h_{0f}} \qquad (6.1.3\text{-}6)$$

式中:N_q, M_q——按荷载准永久组合计算的轴向力值(N)、弯矩
　　　　　　值(N·mm);

　　　A_f——受拉区纵向 FRP 筋截面面积(mm²);

　　　e——轴向压力作用点至纵向受拉 FRP 筋合力点的
　　　　　距离(mm);

　　　e_0——荷载准永久组合下的初始偏心距(mm),取为
　　　　　M_q/N_q;

　　　η_s——使用阶段的轴向压力偏心距增大系数,当 l_0/h
　　　　　不大于 14 时,取 1.0;

z——纵向受拉 FRP 筋合力点至截面受压区合力点的距离(mm),且不大于 $0.9h_{0f}$;

y_s——截面重心至纵向受拉 FRP 筋合力点的距离(mm);

γ_f'——受压翼缘截面面积与腹板有效截面面积的比值;

h_f'——T 形、I 形截面受压区的翼缘高度(mm);

b_f'——T 形、I 形截面受压区的翼缘计算宽度(mm),按现行国家标准《混凝土结构设计规范》GB 50010 的规定确定。

6.1.4 在荷载准永久组合下,预应力 FRP 筋混凝土受弯构件中预应力 FRP 筋的应力 σ_{fpq},应按下列公式计算:

$$\sigma_{fpq} = \sigma_{fp0} + \varsigma \frac{E_{fq}}{E_{np}}\sigma_{npq} \tag{6.1.4-1}$$

$$\sigma_{npq} = \frac{M_q \pm M_2 - N_{p0}(z - e_p)}{(\varsigma A_{fp}E_{fp}/E_{np} + A_{np})z} \tag{6.1.4-2}$$

$$e = e_p + \frac{M_q \pm M_2}{N_{P0}} \tag{6.1.4-3}$$

$$e_p = y_{pn} - e_{p0} \tag{6.1.4-4}$$

式中:σ_{npq}——按荷载准永久组合计算的预应力 FRP 筋混凝土受弯构件中纵向受拉非预应力筋的等效应力(N/mm²),当采用非预应力 FRP 筋时,σ_{npq} 应符合式(6.1.2-1)的规定;

σ_{fp0}——预应力 FRP 筋合力点处混凝土法向压应力等于零时的预应力 FRP 筋应力(N/mm²);

E_{fp}——预应力 FRP 筋的弹性模量(N/mm²);

E_{np}——受拉区非预应力筋的弹性模量(N/mm²);

A_{fp}——预应力 FRP 筋截面面积(mm²);

A_{np}——受拉区非预应力筋截面面积（mm^2）；

N_{p0}——计算截面上混凝土法向预应力等于零时的预加力（N）；

M_2——后张法预应力混凝土超静定结构构件中的次弯矩（N·mm）；

z——受拉区纵向非预应力筋和预应力 FRP 筋合力点至截面受压区合力点的距离（mm），按式（6.1.3-3）计算，其中 e 按式（6.1.4-3）计算；

e_p——混凝土法向预应力等于零时全部纵向非预应力筋和预应力 FRP 筋的合力 N_{p0} 的作用点至受拉区纵向非预应力筋和预应力 FRP 筋的合力点的距离（mm）；

y_{pn}——受拉区纵向预应力 FRP 筋与非预应力筋合力点的偏心距（mm）；

e_{p0}——计算截面上混凝土法向预应力等于零时的预加力 N_{p0} 作用点的偏心距（mm），按第 6.1.6 条规定计算；

ς——考虑预应力 FRP 筋与混凝土粘结的系数（对于有粘结预应力 FRP 筋混凝土受弯构件，$\varsigma=1.0$；对于无粘结预应力 FRP 筋，$\varsigma=0.3$；对于部分粘结预应力 FRP 筋，ς 根据无粘结段长度按线性内插法确定）。

6.1.5 由预应力产生的混凝土法向应力及相应阶段预应力 FRP 筋的应力，应分别按下列公式计算：

1 先张法构件

由预应力产生的混凝土法向应力

$$\sigma_{pc} = \frac{N_{p0}}{A_0} \pm \frac{N_{p0} e_{p0}}{I_0} y_0 \qquad (6.1.5-1)$$

相应阶段预应力 FRP 筋的有效预应力

$$\sigma_{fpe} = \sigma_{con} - \sigma_l - \alpha_{fE} \sigma_{pc} \qquad (6.1.5-2)$$

预应力 FRP 筋合力点处混凝土法向压应力等于零时的预应

力 FRP 筋应力

$$\sigma_{fp0} = \sigma_{con} - \sigma_l \qquad (6.1.5-3)$$

2 后张法构件

由预应力产生的混凝土法向应力

$$\sigma_{pc} = \frac{N_p}{A_n} \pm \frac{N_p e_{pn}}{I_n} y_n \pm \frac{M_{p2}}{I_n} y_n \qquad (6.1.5-4)$$

相应阶段预应力 FRP 筋的有效预应力

$$\sigma_{fpe} = \sigma_{con} - \sigma_l \qquad (6.1.5-5)$$

预应力 FRP 筋合力点处混凝土法向压应力等于零时的预应力 FRP 筋应力

$$\sigma_{fp0} = \sigma_{con} - \sigma_l + \alpha_{fE} \sigma_{pc} \qquad (6.1.5-6)$$

式中：A_n——净截面面积，即为扣除管道等削弱部分后的混凝土全部截面面积与纵向非预应力钢筋截面面积换算成混凝土的截面面积之和，对由不同混凝土强度等级组成的截面，应按混凝土弹性模量比值换算成同一混凝土强度等级的截面面积（mm^2）；

A_0——换算截面面积，包括净截面面积 A_n 和全部纵向预应力 FRP 筋截面面积换算成混凝土的截面面积（mm^2）；

N_{p0}，N_p——先张法构件、后张法构件的预应力 FRP 筋和非预应力钢筋的合力（N）；

I_0，I_n——换算截面惯性矩、净截面惯性矩（mm^4）；

e_{p0}，e_{pn}——换算截面重心、净截面重心至预应力 FRP 筋和非预应力钢筋合力点的距离（mm）；

y_0，y_n——换算截面重心、净截面重心至计算纤维处的距离（mm）；

σ_{con}——预应力 FRP 筋的张拉控制应力值（N/mm^2）；

σ_l——相应阶段预应力 FRP 筋的预应力损失值（N/mm²），按第 6.2.2～6.2.6 条规定计算；使用阶段时为全部预应力损失值；

α_{fE}——预应力 FRP 筋弹性模量与混凝土弹性模量的比值；

M_{p2}——由预加力 N_p 在后张法预应力 FRP 筋混凝土连续梁等超静定结构中产生的次弯矩（N·mm）。

6.1.6 预应力 FRP 筋和非预应力筋的合力 N_{p0}、N_p 及合力的偏心距 e_{p0}、e_{pn} 应按下列公式计算：

1 先张法构件

$$N_{p0} = \sigma_{fp0} A_{fp} - \sigma_{l5} A_{np} - \sigma'_{l5} A'_{np} \qquad (6.1.6\text{-}1)$$

$$e_{p0} = \frac{\sigma_{fp0} A_{fp} y_{fp} - \sigma_{l5} A_{np} y_{np} + \sigma'_{l5} A'_{np} y'_{np}}{N_{p0}} \qquad (6.1.6\text{-}2)$$

2 后张法构件

$$N_p = \sigma_{fpe} A_{fp} - \sigma_{l5} A_{np} - \sigma'_{l5} A'_{np} \qquad (6.1.6\text{-}3)$$

$$e_{pn} = \frac{\sigma_{fpe} A_{fp} y_{fpn} - \sigma_{l5} A_{np} y_{npn} + \sigma'_{l5} A'_{np} y'_{npn}}{N_p} \qquad (6.1.6\text{-}4)$$

式中：σ_{fp0}——受拉区预应力 FRP 筋合力点处混凝土法向应力等于零时的预应力 FRP 筋应力（N/mm²），按第 6.1.5 条的规定计算；

σ_{fpe}——受拉区预应力 FRP 筋的有效预应力（N/mm²），按第 6.1.5 条的规定计算；

A_{fp}——受拉区预应力 FRP 筋的截面面积（mm²）；

A_{np}，A'_{np}——受拉区、受压区非预应力筋的截面面积（mm²）；

y_{fp}——受拉区预应力 FRP 筋合力点至换算截面重心轴的距离（mm）；

y_{np}，y'_{np}——受拉区、受压区非预应力筋重心至换算截面重心轴的距离（mm）；

y_{fpn}——受拉区预应力 FRP 筋合力点至净截面重心轴的距离(mm);

y_{npn}，y'_{npn}——受拉区、受压区非预应力筋重心至净截面重心轴的距离(mm);

σ_{l5}，σ'_{l5}——受拉区预应力 FRP 筋在各自合力点处由混凝土收缩和徐变引起的预应力损失值(N/mm^2)，按第 6.2.6 条的规定计算。

6.1.7 先张法构件预应力 FRP 筋的预应力传递长度 l_{tr} 应按式(6.1.7)计算，且不应小于 $65d$。

$$l_{tr} = \frac{\sigma_{fpe}}{8f'_{tk}}d \qquad (6.1.7)$$

式中：σ_{fpe}——放张时预应力 FRP 筋的有效应力(N/mm^2)；

d——预应力 FRP 筋的直径(mm)；

f'_{tk}——与放张时混凝土立方体抗压强度 f'_{cu} 相应的轴心抗拉强度标准值(N/mm^2)。

6.2　FRP 筋预应力损失计算

6.2.1 预应力 FRP 筋混凝土构件在正常使用极限状态计算中，应考虑由下列因素引起的预应力损失：

- 锚具变形和预应力 FRP 筋内缩　　　　　　　　σ_{l1}
- 预应力 FRP 筋与管道壁之间的摩擦　　　　　　σ_{l2}
- 预应力 FRP 筋与承受拉力的设备之间的温差　　σ_{l3}
- 预应力 FRP 筋的应力松弛　　　　　　　　　　σ_{l4}
- 混凝土的收缩和徐变　　　　　　　　　　　　σ_{l5}

预应力损失值宜根据实测数据确定，当无可靠实测数据时，可按本节的规定计算。

6.2.2 锚具变形和预应力筋内缩引起的预应力损失值 σ_{l1}，可按下列规定计算：

1 直线预应力 FRP 筋

$$\sigma_{l1} = \frac{a}{l} E_{fp} \qquad (6.2.2)$$

式中：a——张拉端锚具变形和 FRP 筋内缩值(mm)，可按表 6.2.2
采用；

　　l——张拉端至锚固端之间的距离(mm)。

2 曲线预应力 FRP 筋可按现行国家标准《混凝土结构设计
规范》GB 50010 的有关规定计算。

表 6.2.2　锚具类型和预应力 FRP 筋内缩值(mm)

锚具类型	内缩值
粘结型锚具	1～2
夹片型锚具	8

注：表中夹片型锚具的内缩值是有顶压时的内缩值。

6.2.3　预应力 FRP 筋与孔道壁间的摩擦引起的预应力损失值
σ_{l2}，宜按下式计算：

$$\sigma_{l2} = \sigma_{con}\left(1 - \frac{1}{e^{kx+\mu\theta}}\right) \qquad (6.2.3)$$

式中：x——张拉端至计算截面的孔道长度(m)，对于曲线预应力
FRP 筋，可近似取该段孔道在构件纵轴上的投影
长度；

　　θ——张拉端至计算截面曲线孔道部分切线的夹角(rad)；

　　k——考虑孔道每米长度局部偏差的摩擦系数，按表 6.2.3
采用；

　　μ——预应力 FRP 筋与孔道壁之间的摩擦系数，按表 6.2.3
采用。

表 6.2.3　预应力 FRP 筋与孔道壁间摩擦系数

FRP 筋类型	k(m)	μ(rad)
CFRP 筋	0.004	0.30
AFRP 筋	0.003	0.25

6.2.4　先张法预应力混凝土构件,当采用加热方法养护时,由 FRP 筋与台座之间的温差引起的预应力损失可按下式计算:

$$\sigma_{l3} = \Delta t \cdot |\,\alpha_{f} - \alpha_{c}\,| \cdot E_{fp} \qquad (6.2.4)$$

式中:Δt——混凝土加热养护时,预应力 FRP 筋与承受拉力的设备之间的温差(℃);

α_{f},α_{c}——FRP 筋、混凝土的轴向温度膨胀系数。α_{f} 与 FRP 筋的种类有关,无产品指标时,可按最不利情况在表 6.2.4 范围内取用。

表 6.2.4　FRP 筋、混凝土的轴向温度膨胀系数

材料	轴向温度膨胀系数(1×10^{-5}/℃)
CFRP 筋	0.6~1.0
AFRP 筋	-6.0~-2.0
混凝土	1.0

6.2.5　预应力 FRP 筋的应力松弛 σ_{l4},可按下式计算:

$$\sigma_{l4} = r\sigma_{con} \qquad (6.2.5)$$

式中:r——松弛损失率,宜根据实测数据确定;当无实测数据时,r 可按表 6.2.5 的数值取用。

表 6.2.5　预应力 FRP 筋的松弛损失率 r

FRP 筋类型	松弛损失率 r(%)
CFRP 筋	2.2
AFRP 筋	16.0

6.2.6 对于预应力 FRP 筋混凝土受弯构件,在预应力作用下混凝土收缩和徐变引起的预应力损失 σ_{l5},可按下列公式计算:

1 先张法构件

$$\sigma_{l5} = \frac{60 + 340\sigma_{pc}/f'_{cn}}{(1 + 15\rho)} \cdot \frac{E_{fp}}{E_s} \quad (6.2.6\text{-}1)$$

2 后张法构件

$$\sigma_{l5} = \frac{55 + 300\sigma_{pc}/f'_{cn}}{(1 + 15\rho)} \cdot \frac{E_{fp}}{E_s} \quad (6.2.6\text{-}2)$$

式中:σ_{pc}——预应力 FRP 筋合力点处的混凝土法向压应力(N/mm²);

E_{fp}——预应力 FRP 筋的弹性模量(N/mm²);

ρ——受拉区预应力 FRP 筋和非预应力筋的配筋率[对于先张法构件,$\rho = (A_{fp} + A_s)/A_0$;对于后张法构件,$\rho = (A_{fp} + A_s)/A_n$。对于同时配预应力 FRP 筋和非预应力 FRP 筋的构件,用 A_f 代替 A_s];

f'_{cu}——施加预应力时的混凝土立方体抗压强度(N/mm²);

E_s——预应力钢绞线的弹性模量(N/mm²),可取 2×10^5 N/mm²。

6.2.7 预应力 FRP 筋混凝土构件,其各阶段的预应力损失值的组合应符合现行国家标准《混凝土结构设计规范》GB 50010 的规定。当计算求得的预应力总损失值小于下列数值时,应按下列数值取用:

先张法构件　　　　　　100 N/mm²

后张法构件　　　　　　80 N/mm²

6.3 裂缝控制验算

6.3.1 FRP 筋混凝土构件和预应力 FRP 筋混凝土构件,应按现行国家标准《混凝土结构设计规范》GB 50010 的规定进行受拉边缘应力或正截面裂缝宽度验算。

6.3.2 矩形、T 形和 I 形截面 FRP 筋混凝土受弯和偏压构件,应按荷载准永久组合并考虑长期作用影响的最大裂缝宽度按下列公式计算:

$$w_{max} = 2.1\psi \frac{\sigma_{fq}}{E_f}\left(1.9c_f + 0.08\frac{d_{eq}}{\rho_{te}}\right) \qquad (6.3.2\text{-}1)$$

$$\psi = 1.1 - 0.65\frac{f_{tk}}{\rho_{te}\sigma_{fq}}\frac{E_f}{E_s} \qquad (6.3.2\text{-}2)$$

$$d_{eq} = \frac{\sum n_i d_i^2}{\sum n_i v_i d_i} \qquad (6.3.2\text{-}3)$$

$$\rho_{te} = \frac{A_f}{A_{te}} \qquad (6.3.2\text{-}4)$$

式中:w_{max}——受弯构件按荷载效应的准永久组合并考虑长期作用影响的最大裂缝宽度(mm),不应大于第 4.3.5 条规定的最大裂缝宽度限值 w_{lim};

ψ——裂缝间纵向受拉 FRP 筋应变不均匀系数(当 $\psi <$ 0.2 时,取 $\psi = 0.2$;当 $\psi > 1.0$ 时,取 $\psi = 1.0$;对直接承受重复荷载的构件,取 $\psi = 1.0$);

σ_{fq}——荷载效应准永久组合下 FRP 筋的应力(N/mm²),应按第 6.1.3 条规定确定;

c_f——最外层纵向受拉 FRP 筋外边缘至受拉区底边的距离(mm)(当 $c_f < 20$ 时,取 $c_f = 20$;当 $c_f > 65$ 时,取 $c_f = 65$);

ρ_{te}——按有效受拉混凝土截面面积计算的纵向受拉 FRP 筋的配筋率,在最大裂缝宽度计算中,$\rho_{te} < 0.01$ 时,取 $\rho_{te} = 0.01$;

A_f——受拉区 FRP 筋的截面面积(mm^2);

A_{te}——有效受拉混凝土截面面积(mm^2),取 $A_{te} = 0.5bh + (b_f - b)h_f$,此处 b_f、h_f 为受拉翼缘的宽度、高度;

E_f——FRP 筋的弹性模量(N/mm^2);

E_s——钢筋的弹性模量(N/mm^2),可取 $2 \times 10^5 \ N/mm^2$;

d_{eq}——受拉区纵向 FRP 筋的等效直径(mm);

d_i——受拉区第 i 种纵向 FRP 筋的公称直径(mm);

n_i——受拉区第 i 种纵向 FRP 筋的根数;

v_i——受拉区纵向 FRP 筋的相对粘结特性系数(根据 FRP 筋表面特性不同,参照试验数据,取粘结试验所得的 FRP 筋粘结强度与同条件带肋钢筋的粘结强度的比值。当 v_i 大于 1.0 时,取 1.0;无试验数据时,可选用 $v_i = 0.7$)。

6.3.3 在荷载标准组合或准永久组合下,要求不出现裂缝的预应力 FRP 筋混凝土受弯构件,可按现行国家标准《混凝土结构设计规范》GB 50010 的方法进行抗裂验算;允许出现裂缝的预应力 FRP 筋混凝土受弯构件,在荷载标准组合并考虑长期作用影响的最大裂缝宽度(mm)可按下列公式计算:

$$w_{max} = 2.1\psi \frac{\sigma_{npk}}{E_{np}}(1.9c_f + 0.08\frac{d_{eq}}{\rho_{te}}) \qquad (6.3.2-1)$$

$$\psi = 1.1 - 0.65 \frac{f_{tk}}{\rho_{te}\sigma_{npk}} \frac{E_{np}}{E_s} \qquad (6.3.2-2)$$

$$\rho_{te} = \frac{A_{np} + A_{fp}E_{fp}/E_{np}}{A_{te}} \qquad (6.3.2-4)$$

式中:ψ——裂缝间纵向受拉非预应力筋应变不均匀系数(当 $\psi < 0.2$ 时,取 $\psi = 0.2$;当 $\psi > 1.0$ 时,取 $\psi = 1.0$;对直接承受重复荷载的构件,取 $\psi = 1.0$);

E_{np}——纵向受拉非预应力筋的弹性模量（N/mm²）；

E_s——钢筋的弹性模量（N/mm²），可取 2×10^5 N/mm²；

σ_{npk}——按荷载效应标准组合计算的预应力 FRP 筋混凝土受弯构件纵向受拉非预应力筋等效拉应力（N/mm²），可用 M_k 替换 M_q 按第 6.1.4 条规定计算；此处，M_k 为按荷载效应的标准组合计算的弯矩值；

ρ_{te}——按有效受拉混凝土截面面积计算的纵向受拉筋的配筋率；对于部分粘结、无粘结、体外预应力 FRP 筋混凝土受弯构件，仅取纵向受拉非预应力筋计算配筋率；在最大裂缝宽度计算中，$\rho_{te} < 0.01$ 时，取 $\rho_{te} = 0.01$。

6.4 受弯构件挠度验算

6.4.1 普通 FRP 筋混凝土和预应力 FRP 筋混凝土受弯构件的挠度可按照结构力学方法计算，其限值应符合第 4.3.3 条规定。

6.4.2 普通 FRP 筋混凝土受弯构件，按荷载准永久组合并考虑长期作用影响的截面抗弯刚度 B 可按下式计算：

$$B = \frac{B_s}{\theta} \tag{6.4.2}$$

式中：B_s——荷载效应标准组合作用下受弯构件的短期抗弯刚度，按第 6.4.3 条规定确定；

θ——考虑荷载长期作用对挠度增大的影响系数，按第 6.4.6 条取用。

6.4.3 荷载准永久组合作用下，普通 FRP 筋混凝土受弯构件的短期抗弯刚度 B_s，可按下列公式计算：

$$B_s = \frac{E_f A_f h_{0f}^2}{1.15\psi + 0.2 + \dfrac{6\alpha_{fE}\rho_f}{1 + 3.5\gamma_f}} \tag{6.4.3-1}$$

— 52 —

$$\gamma_f = [(b_f - b)h_f]/(bh_{0f}) \qquad (6.4.3-2)$$

式中：ψ——裂缝间纵向受拉非预应力筋应变不均匀系数；

$\quad\quad \alpha_{fE}$——FRP 筋弹性模量与混凝土弹性模量的比值，即 E_f/E_c；

$\quad\quad \rho_f$——纵向受拉 FRP 筋的配筋率，$\rho_f = A_f/(bh_{0f})$；

$\quad\quad \gamma_f$——受拉翼缘截面面积与腹板有效截面面积的比值；

$\quad\quad h_f$——倒 T 形、I 形截面受拉区的翼缘高度（mm）；

$\quad\quad b_f$——倒 T 形、I 形截面受拉区的翼缘计算宽度（mm）。

6.4.4 预应力 FRP 筋混凝土受弯构件的挠度计算可按现行国家标准《混凝土结构设计规范》GB 50010 的有关规定确定。对于矩形、T 形、倒 T 形和 I 形截面预应力 FRP 筋混凝土受弯构件，按荷载标准组合并考虑长期作用影响的截面抗弯刚度 B，可按下式计算：

$$B = \frac{M_k}{M_q(\theta - 1) + M_k} B_s \qquad (6.4.4)$$

式中：M_k——按荷载标准组合计算的弯矩，取计算区段内的最大弯矩值；

$\quad\quad M_q$——按荷载准永久组合计算的弯矩，取计算区段内的最大弯矩值；

$\quad\quad B_s$——荷载标准组合计算的受弯构件的短期抗弯刚度，按第 6.4.5 条确定；

$\quad\quad \theta$——考虑荷载长期作用对挠度增大的影响系数，按第 6.4.6 条取用。

6.4.5 荷载标准组合作用下，预应力 FRP 筋混凝土受弯构件的短期抗弯刚度 B_s，应按下列公式计算：

1 不出现裂缝的受弯构件

$$B_s = 0.85E_c I_0 \qquad (6.4.5-1)$$

2 允许出现裂缝的受弯构件

$$B_s = \frac{0.85 E_c I_0}{k_{cr} + (1 - k_{cr})\omega} \qquad (6.4.5\text{-}2)$$

$$k_{cr} = \frac{M_{cr}}{M_k} \qquad (6.4.5\text{-}3)$$

$$\omega = \left(1.0 + \frac{0.21}{\alpha_E \rho}\right)(1 + 0.45\gamma_f) - 0.7 \qquad (6.4.5\text{-}4)$$

$$M_{cr} = (\sigma_{pc} + \gamma f_{tk})W_0 \qquad (6.4.5\text{-}5)$$

$$\rho = \frac{\varsigma A_{fp} E_{fp}/E_{np} + A_{np}}{b h_0} \qquad (6.4.5\text{-}6)$$

式中:I_0——换算截面惯性矩（mm^4）;

$\quad A_{np}$——非预应力筋截面面积（mm^2）;

$\quad E_{np}$——非预应力筋弹性模量（N/mm^2）;

$\quad \rho$——纵向受拉筋的等效配筋率;

$\quad \varsigma$——考虑预应力 FRP 筋与混凝土粘结的系数;

$\quad \alpha_E$——非预应力筋弹性模量与混凝土弹性模量的比值,即 E_{np}/E_c;

$\quad k_{cr}$——预应力混凝土受弯构件正截面的开裂弯矩 M_{cr} 与弯矩 M_k 的比值,当 $k_{cr} > 1.0$ 时,取 $k_{cr} = 1.0$;

$\quad \sigma_{pc}$——扣除全部预应力损失后,由预加力在抗裂验算边缘产生的混凝土预压应力（N/mm^2）;

$\quad \gamma$——混凝土构件的截面抵抗矩塑性影响系数,按现行国家标准《混凝土结构设计规范》GB 50010 第 7.2.4 条的规定确定;

$\quad M_{cr}$——构件的正截面开裂弯矩值（$N \cdot mm$）;

$\quad W_0$——构件换算截面受拉边缘的弹性抵抗矩（mm^3）;

$\quad f_{tk}$——混凝土抗拉强度标准值（N/mm^2）。

6.4.6 针对普通 FRP 筋混凝土受弯构件、有粘结预应力 FRP 筋混凝土受弯构件和体外预应力 FRP 筋受弯构件,考虑荷载长期作用对挠度增大的影响系数 θ，可按下列规定取用：

$$\theta = \frac{k_1 k_2 k_3 k_4 \xi}{1 + 50m(\rho'_\mathrm{f} + \rho'_\mathrm{s})} \tag{6.4.6}$$

式中：ξ——时随变化系数，按表 6.4.6 取值，中间数值可按直线内插入取用；

k_1——非预应力受拉筋类型影响系数（对于 GFRP 筋，可取 0.80；对于 AFRP 筋，可取 0.88；对于 BFRP 筋，可取 0.94；对于 CFRP 筋，可取 0.98；对于钢筋，可取 1.0；对于一级裂缝控制等级的预应力 FRP 筋混凝土受弯构件，可取 1.0）；

k_2——混凝土强度影响系数，C30 取 1.15，C80 取 0.95，中间强度等级可按直线内插入取用；

k_3——预应力筋类型影响系数，CFRP 筋取 1.05，AFRP 筋取 1.25；对于普通 FRP 筋混凝土受弯构件，取 1.0。

k_4——构件类型影响系数（对于一级裂缝控制等级的预应力 FRP 筋混凝土受弯构件系数，按表 6.4.6 取值，中间数值可按直线内插入取用；对于普通 FRP 筋混凝土受弯构件和二、三级裂缝控制等级的预应力 FRP 筋混凝土受弯构件取 1.0）；

m——非预应力受压筋类型影响系数（对于钢筋，可取 1.0；对于 FRP 筋，可取 $E_\mathrm{f}/E_\mathrm{s}$）；

ρ'_s——非预应力受压钢筋配筋率；

ρ'_f——非预应力受压 FRP 筋配筋率。

表 6.4.6　时随变化系数和构件类型影响系数

系数	1 个月	3 个月	6 个月	1 年	3 年	5 年	10 年	50 年
ξ	1.29	1.43	1.52	1.61	1.73	1.76	1.85	1.85
k_4	2.00	2.41	2.66	2.87	3.15	3.22	3.39	3.39

7 构造要求

7.1 一般规定

7.1.1 纵向受力的 FRP 筋水平方向的净间距不应小于 25 mm 和 FRP 筋的最大直径。当需要配置多层纵向 FRP 筋时,各层 FRP 筋之间的净间距不应小于 25 mm 和 FRP 筋的最大直径。

7.1.2 FRP 筋不应捆绑在一起作为 FRP 束筋使用。

7.1.3 预应力 FRP 筋混凝土框架的抗震等级应符合现行国家标准《混凝土结构设计规范》GB 50010 的规定。二、三级抗震等级的预应力 FRP 筋混凝土框架梁中,应采用预应力 FRP 筋和非预应力钢筋混合配筋的方式,预应力筋宜穿框架节点核心区,框架结构梁端截面的预应力强度比 λ 按下式计算:

$$\lambda = \frac{f_{\text{fpd}}A_{\text{fp}}h_{\text{fp0}}}{f_{\text{fpd}}A_{\text{fp}}h_{\text{fp0}} + f_y A_s h_{s0}} \leqslant 0.60 \qquad (7.1.3)$$

式中:A_{fp}——预应力 FRP 筋截面面积(mm^2);

　　h_{fp0}——纵向受拉预应力 FRP 筋合力点至截面受压边缘的距离(mm);

　　f_y——普通钢筋抗拉强度设计值(N/mm^2);

　　A_s——普通钢筋截面面积(mm^2);

　　h_{s0}——纵向受拉普通钢筋合力点至截面受压边缘的距离(mm)。

7.1.4 在疲劳荷载作用下,预应力 FRP 筋混凝土梁应采用预应力 FRP 筋和非预应力钢筋混合配筋的方式。梁的正截面受拉区和受压区边缘纤维的混凝土应力及受拉区纵向非预应力钢筋的应力幅应符合现行国家标准《混凝土结构设计规范》GB 50010 的相关规定。

7.2　保护层厚度

7.2.1　普通 FRP 筋混凝土构件的保护层厚度应满足下列要求：

　　1　普通 FRP 筋混凝土构件的保护层厚度不应小于 FRP 筋的直径 d。

　　2　FRP 筋用于混凝土板时，最小保护层的厚度不应小于 20 mm；FRP 筋用于混凝土梁或柱时，最小保护层厚度不应小于 25 mm。

7.2.2　预应力 FRP 筋混凝土构件的保护层厚度应满足下列要求：

　　1　最外侧预应力 FRP 筋的保护层厚度，不应小于 40 mm。

　　2　采用普通钢筋作为非预应力筋的构件，最外侧钢筋的保护层厚度应符合现行国家标准《混凝土结构设计规范》GB 50010 的规定；采用环氧涂层钢筋或不锈钢钢筋作为非预应力筋的构件，最外侧钢筋的保护层厚度应符合现行国家标准《混凝土结构设计规范》GB 50010 中环境类别一类的规定。

　　3　采用 FRP 筋作为非预应力筋的构件，最外侧 FRP 筋的保护层厚度不应小于 FRP 筋的直径 d，且不应小于 25 mm。

7.2.3　当构件纵向受力 FRP 筋的保护层厚度大于 50mm 时，宜在保护层内配置防裂、防剥落的 FRP 网片或钢筋网片。当在保护层内配置钢筋网片时，网片钢筋的保护层厚度不应小于 25 mm。

7.3　FRP 筋的锚固及搭接

7.3.1　受拉 FRP 筋的锚固长度应通过试验确定。无试验数据时,锚固长度可按下式计算,且 GFRP 筋、AFRP 筋、CFRP 筋和 BFRP 筋的最小锚固长度分别不应小于 $20d$、$25d$、$35d$ 和 $20d$。当锚固长度不足时,应采用可靠的机械锚固措施。

$$l_a = \frac{f_{fd}}{8f_t}d \qquad (7.3.1)$$

式中:f_{fd}——FRP 筋抗拉强度设计值(N/mm²);

d——FRP 筋的直径(mm);

f_t——混凝土抗拉强度设计值(N/mm²)。

7.3.2 同一构件中相邻纵向受力 FRP 筋的搭接接头宜互相错开。受拉 FRP 纵筋的搭接长度应满足 $1.6l_a$ 的要求;受压 FRP 纵筋的搭接长度不应小于受拉 FRP 纵筋搭接长度的 70%。

7.3.3 当 FRP 筋的实际应力与抗拉强度设计值的比值小于 0.5,且搭接长度范围内配置的 FRP 筋面积占计算所需总面积的 50% 以下时,搭接长度可允许适当折减。

7.4 纵向受力筋的最小配筋率

7.4.1 普通 FRP 筋混凝土受弯构件的纵向受拉 FRP 筋的最小配筋率应按下式计算:

$$\rho_{min} = \frac{1.1f_t}{f_{fd}} \qquad (7.4.1)$$

7.4.2 FRP 筋混凝土受压构件纵向 FRP 筋的配置应符合下列规定:

1 纵向 FRP 筋的直径应不小于 15 mm。

2 FRP 筋混凝土受压构件全部纵向受力 FRP 筋的配筋率应按构件的毛截面面积计算,其配筋率不应小于 1%,且不应大于 8%。

3 矩形截面的纵向 FRP 筋不应少于 4 根,圆形截面的纵向

FRP 筋不应少于 6 根。

7.4.3 预应力 FRP 筋混凝土受弯构件的配筋率应满足下列条件：

$$M_u \geqslant 1.2M_{cr} \qquad (7.4.3)$$

式中：M_u——受弯构件正截面抗弯承载力设计值（N·mm），按第 5.2 节有关公式的等号右边式子计算；

M_{cr}——受弯构件正截面开裂弯矩值（N·mm），按式（6.4.5-5）计算。

7.4.4 部分粘结预应力 FRP 筋混凝土受弯构件的配筋率除应满足第 7.4.3 条规定外，尚应满足下列条件：

1 同时配部分粘结预应力 FRP 筋和非预应力钢筋

$$A_s f_y + A_{fp} f_{fpd} - A'_s f'_y > \alpha_1 \beta_1 f_c b x_{0b} + \alpha_1 f_c (b'_f - b) h'_f$$

$$(7.4.4-1)$$

$$x_{0b} = \frac{\varepsilon_{cu}}{(f_{fpd} - \sigma_{fp0})/E_{fp}} \frac{e_m \chi L_p}{(1 - \xi)L} \qquad (7.4.4-2)$$

2 同时配部分粘结预应力 FRP 筋和非预应力 FRP 筋

$$A_{fp} f_{fpd} + A_f \sigma_f \geqslant \alpha_1 \beta_1 f_c b x_{0b} + \alpha_1 f_c (b'_f - b) h'_f$$

$$(7.4.4-3)$$

$$\sigma_f = E_f \varepsilon_{cu} \frac{h_{0f} - x_{0b}}{x_{0b}} \leqslant f_{fd} \qquad (7.4.4-4)$$

式中：x_{0b}——平衡破坏时截面中和轴高度（mm）；配置非预应力钢筋或非预应力 FRP 筋的构件均可按式（7.4.4-2）计算。

7.5　FRP 箍筋

7.5.1 FRP 箍筋的弯折半径 r_b 与箍筋直径 d_b 的比值应符合下

式规定：

$$\frac{r_b}{d_b} \geqslant 3.0 \qquad (7.5.1)$$

7.5.2 FRP 箍筋的锚固可采用 90°的弯钩,弯钩处的尾长 l_{thf} 应符合下式规定：

$$l_{thf} \geqslant 12d_b \qquad (7.5.2)$$

图 7.5.2   FRP 箍筋弯折的构造要求

7.5.3   FRP 箍筋的间距不应大于截面有效高度的 0.5 倍,且不应大于 400 mm。

7.5.4   受弯构件的 FRP 箍筋配筋率应按下式验算：

$$\rho_{fv} = \frac{A_{fv}}{bs} \geqslant \frac{0.35f_t}{f_{fv}} \qquad (7.5.4)$$

7.6   预应力 FRP 筋混凝土构件

7.6.1   后张法预应力 FRP 筋混凝土构件的曲线预应力 FRP 筋的曲率半径不应小于 5 m,并不应小于预留孔道直径的 100 倍。

7.6.2   在先张法预应力 FRP 筋混凝土构件中,预应力 FRP 筋的净间距应符合现行国家标准《混凝土结构设计规范》GB 50010 中有关预应力钢筋的规定，且不应小于 25 mm。

7.6.3 在后张法预应力 FRP 筋混凝土构件中，预应力 FRP 筋孔道的水平、竖向净间距应符合现行国家标准《混凝土结构设计规范》GB 50010 中有关预应力钢筋的规定。

7.6.4 预应力 FRP 筋混凝土构件锚固区应配置足够的横向间接钢筋。

7.6.5 体外预应力 FRP 筋混凝土构件的设计应满足以下要求：

 1 体外预应力 FRP 筋可采用直线、双折线或多折线布置方式，且宜对称布置。对于矩形或 I 字形截面梁，体外预应力 FRP 筋布置在梁的两侧；对于箱形截面梁，体外预应力 FRP 筋宜对称布置在梁腹板的内侧。

 2 体外预应力 FRP 筋在转向块处的弯折转角不宜大于 7°，且应采取措施减少体外预应力 FRP 筋与转向块之间的摩擦。转向块处的曲率半径宜不小于 3.0 m。

8 施工及验收

8.1 一般规定

8.1.1 FRP筋混凝土结构施工除应符合本标准的要求外,尚应符合国家现行标准《混凝土结构工程施工规范》GB 50666 的规定。

8.1.2 FRP筋混凝土结构的验收除应符合本标准的要求外,尚应符合国家现行标准《混凝土结构工程施工质量验收规范》GB 50204 的规定。

8.1.3 FRP筋进场时,应符合下列要求:

　　1 FRP筋应平直、无损伤,表面不得有裂缝、油污及其他污染物。

　　2 FRP筋应按国家现行相关标准的规定抽取试件做力学性能和质量偏差检验。检验数量应按进场的批次和产品的抽样检验方案确定;力学性能检验应包括其抗拉强度、弹性模量、极限拉应变测试,试验方法应符合国家现行有关产品标准的规定。

　　3 FRP箍筋应做力学性能和质量偏差检验。箍筋弯钩的弯折半径及平直段长度应满足第7.5.1条的规定。

8.1.4 FRP筋的包装、运输、存放应符合下列要求:

　　1 在不同规格、品种的预应力FRP筋上,均应有易于区别的标记。

　　2 FRP筋在工厂加工成型后,应用结实、柔软的包装材料包装,运输时采取可靠保护措施,避免包装破损及散包。运输和起吊过程中应采取措施防止FRP筋弯曲损伤。

　　3 FRP筋不应直接存放在地面上,应使用无腐蚀性的支撑或托架。

4 FRP 筋应按规格、品种成盘或顺直地分开堆放在通风干燥处,应避免高温和紫外线的作用;露天堆放时,应采取全天候覆盖措施。FRP 筋存放时,不应暴露于 60℃以上的高温环境中。

8.2 FRP 筋的施工与验收

8.2.1 FRP 筋不宜现场修剪。当必须截断时,应采用空载速度不小于 600 r/min 的高速磨切机,在截断过程中不应造成 FRP 筋表面损伤。

8.2.2 FRP 筋绑扎应牢固,绑扎线宜采用塑料或尼龙等材质。在绑扎 FRP 筋时,应采取设置防浮下拉筋等措施保证 FRP 筋定位。

8.2.3 应避免在 FRP 筋骨架上站立、行走或放置设施。

8.2.4 FRP 筋的接头宜设置在受力较小处。同一纵向受力 FRP 筋不宜设置 2 个或 2 个以上的接头。接头末端至钢筋弯起点的距离不应小于 FRP 筋公称直径的 10 倍。

8.2.5 体外预应力 FRP 筋应采取包裹、涂刷防紫外线材料或其他有效方式进行防护。

8.2.6 浇筑混凝土之前,应进行 FRP 筋隐蔽工程验收,其内容应包括:

1 纵向受力 FRP 筋的牌号、规格、数量及位置。

2 FRP 筋的连接方式、接头位置、接头数量、接头面积百分率、搭接长度、锚固方式及锚固长度。

3 FRP 箍筋、横向钢筋的牌号、规格、数量、间距,箍筋弯钩的弯折半径及平直段长度。

4 成孔管道的规格、数量、位置、形状、连接以及灌浆孔、排气兼泌水孔。

8.2.7 FRP 筋安装的允许偏差应符合表 8.2.7 的规定。

表 8.2.7　FRP 筋安装的允许偏差(mm)

序号	检查项目		允许偏差
1	绑扎 FRP 筋网尺寸	长度、宽度	±10
		网眼尺寸	±20
2	FRP 筋骨架外轮廓尺寸	长度	±10
		宽度、高度或直径	±5
3	纵向受力 FRP 筋	锚固长度	−20
		间距	±10
		排距	±5
4	箍筋、分布筋间距		±10
5	保护层厚度	柱、梁	±5
		基础、墩台	±10
		板	±3

8.3　预应力 FRP 筋的张拉与放张

8.3.1 预应力 FRP 筋用锚具、夹具和连接器进场时,应按现行行业标准《预应力筋用锚具、夹具和连接器应用技术规程》JGJ 85 的相关规定进行检验,其检验结果应符合该标准的规定。

8.3.2 预应力 FRP 筋的下料长度应根据预应力筋种类、张拉方式和锚固方式经设计确定,并应考虑锚夹具厚度、千斤顶长度、锚具弹性回缩值、张拉间距等因素。

8.3.3 对 FRP 筋施加预应力时,结构或构件混凝土的强度、弹性模量(或龄期)应符合设计规定;设计未规定时,混凝土的强度应不低于设计强度等级值的 80%,弹性模量应不低于混凝土 28 d

弹性模量的 80%。

8.3.4 应力控制法张拉时,控制张拉力下预应力 FRP 筋伸长实测值与计算值的相对偏差不应超过±6%。

8.3.5 预应力 FRP 筋张拉和放张时,应采取有效安全防护措施。在张拉过程中,预应力两端的正面不得站人和穿越。

8.3.6 在任何情况下,当在安装有预应力 FRP 筋的结构或构件附近进行电焊时,均应对全部预应力 FRP 筋、管道和附属构件进行保护,防止溅上焊渣或造成其他损坏。

8.3.7 预应力 FRP 筋张拉验收应符合下列规定:

1 张拉设备应经检定或校准。

2 张拉力、张拉顺序及张拉工艺应符合设计及施工方案的要求。

3 采用应力控制方法张拉时,控制张拉力下预应力筋伸长实测值与计算值的相对偏差不应超过 6%。

4 最大张拉应力不应大于第 6.1.1 条的规定。

8.3.8 先张法预应力 FRP 筋张拉锚固后,实际建立的预应力值与工程设计规定检验值的相对允许偏差为±6%。

8.3.9 体外预应力 FRP 筋混凝土构件、无粘结预应力 FRP 筋混凝土受弯构件的施工和验收除应符合本标准的要求外,尚应符合现行行业标准《无粘结预应力混凝土结构技术规程》JGJ 92 的相关规定。

8.4 混凝土浇筑

8.4.1 浇筑混凝土前应对预埋于混凝土中的锚具、管道和 FRP 筋等进行全面检查验收,符合要求后方可进行浇筑。

8.4.2 浇筑混凝土时,FRP 筋表面应无泥、油污及其他污染物。

8.4.3 使用插入式振捣器时,振捣器应垂直插入混凝土中,并应避免碰撞 FRP 筋、模板、各种预埋件等,防止其对预应力 FRP 筋、普通受力筋和锚具系统造成扰动和破坏。

本标准用词说明

1　为了便于在执行本标准条文时区别对待,对要求严格程度不同的用词说明如下:

1)表示很严格,非这样做不可的用词:

正面词采用"必须";

反面词采用"严禁"。

2)表示严格,在正常情况下均应这样做的用词:

正面词采用"应";

反面词采用"不应"或"不得"。

3)表示允许稍有选择,在条件许可时首先这样做的用词:

正面词采用"宜";

反面词采用"不宜"。

4)表示有选择,在一定条件下可以这样做的用词,采用"可"。

2　标准中指定应按其他相关标准、规范执行时,写法为"应符合……的规定"或"应按……执行"。

引用标准名录

1 《钢筋混凝土用钢 第1部分:热轧光圆钢筋》GB/T 1499.1
2 《钢筋混凝土用钢 第2部分:带肋钢筋》GB/T 1499.2
3 《预应力筋用锚具、夹具和连接器》GB/T 14370
4 《钢筋混凝土用环氧涂层钢筋》GB/T 25826
5 《结构工程用纤维增强复合材料筋》GB/T 26743
6 《建筑结构荷载规范》GB 50009
7 《混凝土结构设计规范》GB 50010
8 《建筑抗震设计规范》GB 50011
9 《建筑结构可靠度统一标准》GB 50068
10 《建筑结构设计术语和符号标准》GB/T 50083
11 《混凝土结构试验方法标准》GB 50152
12 《混凝土结构工程施工质量验收规范》GB 50204
13 《纤维增强复合材料工程应用技术标准》GB 50608
14 《混凝土结构工程施工规范》GB 50666
15 《纤维增强复合材料筋混凝土桥梁技术标准》CJJ/T 280
16 《预应力筋用锚具、夹具和连接器应用技术规程》JGJ 85
17 《无粘结预应力混凝土结构技术规程》JGJ 92
18 《预应力混凝土结构抗震设计规程》JGJ 140
19 《纤维增强复合材料筋》JG/T 351
20 《公路钢筋混凝土及预应力混凝土桥涵设计规范》
   JTG 3362
21 《水运工程混凝土结构设计规范》JTS 151
22 《铁路桥涵混凝土结构设计规范》TB 10092

上海市工程建设规范

纤维增强复合材料筋混凝土结构技术标准

DG/TJ 08—2398—2022
J 16528—2022

条 文 说 明

2023 上海

目　次

Contents

1 总 则

1.0.1 本条指出制定本标准的目的和要求,并提出了纤维增强复合材料筋(FRP 筋)在混凝土结构中应用必须遵循的原则。混凝土结构中的钢筋锈蚀会降低结构的耐久性与安全性,当暴露在严酷环境下时,钢筋混凝土结构的耐久性问题更加严重。国内外研究和工程实践表明,采用 FRP 筋代替钢筋是彻底解决钢筋锈蚀问题的一个行之有效的方法。与传统钢筋混凝土结构相比,FRP 筋在混凝土结构的应用技术在国内是近三十年来发展起来的新技术,已取得了大量的研究成果,设计与施工水平不断提高,工程量迅速增加。制定本标准,是为了该项新技术的发展更为规范化和系统化,以获得更好的经济效益和社会效益。

1.0.2 本条指出了本标准的适用范围。本标准适用于建筑工程中的 FRP 筋混凝土结构构件。对于铁路工程、公路工程、港口工程和水利水电工程等有专门要求的工程行业中应用 FRP 筋时,应结合具体情况参照本标准执行。

1.0.3 在设计和施工中除符合本标准的要求外,尚应配合使用国家、行业和本市现行有关标准的规定。

2 术语与符号

　　术语列出了与 FRP 筋混凝土结构相关的专业性术语，以达到概念解释与表达统一的目的。符号按材料性能、作用与效应、几何参数、计算系数及其他等几个部分列出。

3 材　料

3.1　一般规定

3.1.1　目前工程中常用的 FRP 筋包括 GFRP 筋、CFRP 筋、AFRP 筋和 BFRP 筋等。在普通 FRP 筋混凝土构件中，设计人员可根据工程用途、FRP 筋的物理力学性能和价格等因素选择合适的 FRP 筋。

3.1.2　本标准中的各项要求是在总结国内外各类型的 FRP 筋混凝土结构的研究成果和工程实践经验的基础上制定的。本条规定了预应力 FRP 筋混凝土构件中预应力筋和非预应力筋的选用原则。预应力 FRP 筋应选用高抗拉强度、低蠕变、低松弛 FRP 筋，建议预应力 FRP 筋的选择依次为 CFRP 筋或 AFRP 筋。非预应力筋应根据构件所处环境类别可选用 FRP 筋、环氧涂层钢筋、不锈钢钢筋或普通钢筋。根据目前国内外相关研究成果和应用现状，建议有粘结、部分粘结和无粘结预应力 FRP 筋混凝土构件的非预应力筋可选用 FRP 筋或钢筋；体外预应力 FRP 筋混凝土构件的非预应力筋宜选用钢筋。

3.1.3　设计人员可根据工程用途、FRP 筋的物理力学性能和价格等因素选择合适的 FRP 筋作为横向受力筋。

3.2　FRP 筋

3.2.1　由于混凝土的碱性比较强，结构用 GFRP 筋仅限于高强型、含碱量小于 0.8%的无碱或耐碱玻璃纤维,不得使用中碱及高碱玻璃纤维。

3.2.3 FRP 筋的主要力学性能应符合现行国家标准《结构工程用纤维增强复合材料筋》GB/T 26743 和现行行业标准《纤维增强塑料筋》JG/T 3551 的规定。

按照现行国家标准《工程结构可靠性设计统一标准》GB 50153 的规定,FRP 筋的强度标准值应具有 95%的保证率,弹性模量取平均值。除了 FRP 筋的拉伸强度、弹性模量外,还应有剪切强度、抗压强度、耐久性和耐火性能等方面的数据支持。

3.2.4 FRP 筋的分项系数主要考虑 FRP 筋混凝土构件的可靠性指标与现行国家标准《工程结构可靠性设计统一标准》GB 50153 一致,并考虑 FRP 筋的脆性特点确定的。

FRP 筋在长期所处环境的酸碱盐、湿度、温度、日照等作用下,性能会有不同程度地降低。由于不同环境情况对不同品种纤维材料劣化影响程度不同,考虑到耐久性的要求,采用不同的环境影响系数给予折减。根据本标准编制组和其他国内外试验研究结果,并参考了美国规范 ACI 440.1R-15 确定了环境影响系数。

3.3 混凝土和钢筋

3.3.2~3.3.4 普通钢筋、环氧涂层钢筋和不锈钢钢筋应满足国家现行有关标准的要求。

3.4 锚具系统

3.4.1 机械式锚具为依靠物理作用将 FRP 筋挤压、夹持锚固住的锚具,其锚固可靠性依赖于机械夹持的稳定性。粘结式锚具为采用胶粘剂依靠化学粘结作用将 FRP 筋锚固住的锚具,其锚固可靠性依赖于胶粘剂的性能及耐久性。混合式锚具为采用机械及粘结式相结合的方式将 FRP 料筋锚固住的锚具,其锚固可靠性依赖于二者的共同作用。由于 FRP 是各向异性材料,其在锚固端可能发生在轴向拉应力和环向剪切应力的作用下的提前破坏,故应采取措施降低锚具在锚固过程中对 FRP 筋造成的环向剪切应力。

4 基本设计规定

4.1 一般规定

4.1.1 本标准根据现行国家标准《工程结构可靠性设计统一标准》GB 50153 及《建筑结构可靠度设计统一标准》GB 50068 的规定,采用概率极限状态设计方法,以分项系数的形式表达。

4.1.3 对 FRP 筋混凝土结构极限状态的分类系根据现行国家标准《工程结构可靠性设计统一标准》GB 50153 确定的。

4.1.5 预应力效应包括预加力产生的次弯矩、次剪力和次轴力。本标准采用国内外有关规范的设计经验,规定在承载力极限状态下,预应力作用分项系数应按预应力作用的有利或不利,分别取 1.0 或 1.2。在正常使用极限状态下,预应力作用分项系数通常取 1.0。

4.2 承载能力极限状态计算

4.2.1 FRP 筋混凝土结构的承载力极限状态计算内容与现行国家标准《混凝土结构设计规范》GB 50010 保持一致。

4.2.2 本条给出承载能力极限状态计算的表达式,适用于结构构件的承载力计算。本标准同时规定在计算采用预应力的超静定结构的承载能力极限状态时,应考虑由预应力引起的次效应,与现行国家标准《混凝土结构设计规范》GB 50010 保持一致。

4.3 正常使用极限状态验算

4.3.1 除了变形、裂缝宽度和混凝土应力验算外,FRP 筋混凝土结构构件尚需验算荷载准永久组合下受拉区 FRP 筋的应力。

4.3.2 正常使用极限状态是通过对作用组合效应值的限值进行控制而实现的。

4.3.5 由于 FRP 筋具有良好的耐腐蚀性能,裂缝宽度的限定主要取决于美学的要求和对安全感的要求。参考国内外数据和加拿大规范 CSA S6-14,将普通 FRP 筋混凝土构件的最大裂缝宽度限值放宽至 0.5 mm。

同时配非预应力钢筋和预应力 FRP 筋的混凝土构件,可根据非预应力筋的类型按现行国家标准《混凝土结构设计规范》GB 50010 中规定的限值取用。其中,采用环氧涂层钢筋或不锈钢钢筋的作为非预应力筋的构件,其最大裂缝宽度限值按现行国家标准《混凝土结构设计规范》GB 50010 中环境类别一类确定。

5 承载能力极限状态计算

5.1 一般规定

5.1.2 由于 FRP 筋的弹性模量通常低于钢筋的弹性模量,对于受弯构件,受压区 FRP 纵筋对正截面承载力的贡献较小,为计算方便可不计入其对正截面承载力的作用。对于受压构件,受压区 FRP 纵筋能提高构件的有效抗弯刚度和正截面承载力,故可计入受压区 FRP 纵筋的作用。

5.1.3 先张法预应力 FRP 筋混凝土构件,当计算端部锚固区正截面和斜截面的抗弯承载力时,锚固区段内预应力 FRP 筋的抗拉强度设计值,在锚固起点取为零,在锚固终点取为 f_{fpd},两点之间按线性内插法取值。

5.2 正截面承载力计算

5.2.1 认为普通 FRP 筋混凝土受弯构件正截面的应变关系符合平截面假定。FRP 筋的应变不应超出其极限拉应变。

5.2.2 普通 FRP 筋混凝土受弯构件的相对界限受压区高度可根据应变协调条件得到。设计时,可先根据平衡状态初步确定构件的抗弯承载力。

5.2.3、5.2.4 国内外试验表明,普通 FRP 混凝土受弯构件的破坏模式可分为 FRP 筋断裂(受拉破坏)和混凝土压碎(受压破坏)两种。其中,受压破坏被认为是更理想的破坏模式,但对于某些受弯构件(如桥面板),受拉破坏更为常见。因此,普通 FRP 筋混凝土构件的设计在既满足强度又满足刚度要求的前提下,任何一种破坏模式的出现都是允许的。$\rho_{ef,b}$ 就是界定构件发生何种破坏模式的等效界限配筋率。

5.2.5、5.2.6 由于 FRP 筋的线弹性特征和材料力学性能的变异性，普通 FRP 筋混凝土受弯构件存在一个受拉破坏和受压破坏皆有可能的过渡区。经大量试验数据的统计分析，确定了过渡区的上限为 $1.5\rho_{ef,b}$。

对于受拉破坏控制截面，受压区混凝土未达到极限压应变，其应力分布理论上需根据内力平衡条件、变形协调条件以及混凝土的应力-应变关系迭代确定；本标准编制组基于参数分析结果，回归分析得到受压区高度简化计算公式；受拉破坏控制截面的等效矩形应力图的应力值可取轴心抗压强度设计值 f_c 乘以系数 α。

对于受压破坏控制截面，受压区混凝土达到极限压应变，截面受压混凝土的应力图形简化为矩形，矩形应力图的应力值可取轴心抗压强度设计值 f_c 乘以系数 α_1。

5.2.7 基本假定同第 5.2.1 条。增加对预应力 FRP 筋和纵向受力钢筋的规定。

5.2.8、5.2.9 给出了预应力 FRP 筋达到抗拉强度设计值与受压区混凝土破坏同时发生的相对界限受压区高度和界限配筋率，适用于配置非预应力钢筋或非预应力 FRP 筋的有粘结预应力 FRP 筋混凝土构件。

5.2.10 同时配置有粘结预应力 FRP 筋和非预应力钢筋的混凝土构件可能发生钢筋屈服后预应力 FRP 筋拉断破坏（破坏模式Ⅰ）、钢筋屈服后混凝土压碎破坏（破坏模式Ⅱ）和钢筋屈服前混凝土压碎破坏（破坏模式Ⅲ）三种弯曲破坏模式。相对界限受压区高度 $\xi_{s,b}$ 和 $\xi_{fp,b}$ 就是区分这三种破坏模式的界限。通常情况下，$\xi_{s,b} > \xi_{fp,b}$。因此，当 $\xi_{fp,b} \leqslant \xi < \xi_{s,b}$ 时，构件发生钢筋屈服后混凝土压碎破坏（破坏模式Ⅰ）；当 $\xi < \xi_{fp,b}$ 时，构件发生钢筋屈服后预应力 FRP 筋拉断破坏（破坏模式Ⅱ）；当 $\xi \geqslant \xi_{s,b}$ 时，构件发生钢筋屈服

前混凝土压碎破坏(破坏模式Ⅲ)。其中,最理想的破坏模式为破坏模式Ⅱ,不宜出现破坏模式Ⅲ。

5.2.11 同时配置有粘结预应力 FRP 筋和非预应力钢筋的混凝土构件,当构件的等效配筋率 $\rho_{efp} < \rho_{efp,b}$ 时,发生钢筋屈服后预应力 FRP 筋拉断破坏(破坏模式Ⅰ);当 $\rho_{efp} \geqslant \rho_{efp,b}$ 时,发生钢筋屈服后混凝土压碎破坏(破坏模式Ⅱ)。

5.2.12,5.2.13 同时配置有粘结预应力 FRP 筋和非预应力钢筋的混凝土构件,其正截面抗弯承载力可根据内力平衡条件、变形协调条件以及混凝土的应力-应变关系确定。本标准编制组基于参数分析结果,回归分析得到受拉破坏控制截面的受压区高度简化计算公式。在设计时,可先根据正常使用极限状态要求确定预应力 FRP 筋的面积,再根据承载力极限状态确定非预应力筋的面积。

5.2.14 理论上,同时配置有粘结预应力 FRP 筋和非预应力 FRP 筋的混凝土构件可能会有预应力 FRP 筋拉断破坏、混凝土压碎破坏和非预应力 FRP 筋拉断破坏三种弯曲破坏模式。由于非预应力 FRP 筋的极限拉应变通常远大于预应力筋 FRP 筋的净极限拉应变(预应力 FRP 筋极限拉应变与预应力 FRP 筋合力点处混凝土法向应力等于零时的预应力 FRP 筋应变之差),实际工程中不大可能出现非预应力 FRP 筋拉断的破坏模式。

当构件的等效配筋率 $\rho_{efp} < \rho_{efp,b}$ 时,发生预应力 FRP 筋拉断破坏;当 $\rho_{efp} \geqslant \rho_{efp,b}$ 时,发生混凝土压碎破坏。

5.2.15,5.2.16 同时配置有粘结预应力 FRP 筋和非预应力 FRP 筋的混凝土构件,其受拉破坏控制截面的受压区高度简化计算公式基本同第 5.2.12~5.2.13 条。

5.2.17~5.2.19 本标准给出的部分粘结预应力 FRP 筋混凝土梁正截面承载力计算方法适用于预应力 FRP 筋在梁两端为粘结、跨中部分区段为无粘结的混凝土梁。部分粘结预应力 FRP 筋混凝土梁正截面抗弯承载力计算的关键是确定部分粘结预应力筋极限应力,考虑部分粘结预应力 FRP 筋和梁整体变形协调,编制组推导了部分粘结预应力筋极限应力的极限应力计算公式。本标准设计时,需根据非预应力筋的类型,选用相应的计算公式进行抗弯承载力计算。

5.2.20 本条给出的正截面抗弯承载力计算方法,适用于配置非预应力钢筋或非预应力 FRP 筋的无粘结预应力 FRP 筋混凝土受弯构件。

5.2.21~5.2.24 本标准给出的体外预应力 FRP 筋混凝土梁正截面承载力计算方法适用于配置非预应力钢筋的混凝土梁。体外预应力 FRP 筋混凝土梁正截面抗弯承载力计算的关键是确定体外预应力筋的极限应力和偏心距损失。由于体外预应力筋与周围混凝土不存在粘结,故无法通过平截面假定求解体外预应力筋的极限应力,而需通过考虑梁整体变形协调条件来确定。此外,体外预应力 FRP 筋混凝土梁的抗弯承载力还需考虑体外预应力 FRP 筋偏心距损失的影响。本标准给出的计算公式适用于三种典型荷载类型(跨中单个集中荷载、跨中两个对称集中荷载和均布荷载)和三种典型转向块布置形式(跨中无转向块、跨中设置一个转向块和跨中对称设置两个转向块)的体外预应力 FRP 筋混凝土梁抗弯承载力计算。

5.2.25 FRP 筋混凝土轴心受压构件的纵向 FRP 筋一般达不到抗压强度。基于国内外试验结果,本标准规定轴压构件中的 FRP 筋的压应变限值为 0.002。

5.2.26 由于 FRP 筋的弹性模量通常低于钢筋的弹性模量,FRP 筋混凝土受压构件比同等配筋率的钢筋混凝土受压构件更容易失稳,因此本标准规定,单向弯曲的 FRP 筋混凝土受压构件考虑长细比效应的限值为 17。该限值低于钢筋混凝土受压构件的限值。

5.2.27 本标准编制组开展了 FRP 筋混凝土受压构件的非线性有限元参数分析,通过对分析结果的回归,修正了弯矩放大系数。

该方法的基本思路与现行国家标准《混凝土结构设计规范》GB 50010 所用方法相同。

5.2.28 已有试验和分析表明,满足最小配筋率要求的 FRP 筋混凝土偏压构件通常发生混凝土压碎的破坏模式。基于平衡条件、协调条件和材料本构关系,本条给出了矩形截面柱的正截面承载力计算公式。

5.2.29 沿周边均匀配置纵向 FRP 筋的圆形截面偏心受压构件,其正截面受压承载力可按本条给出的计算公式。

5.3 斜截面承载力计算

5.3.1~5.3.4 本标准编制组基于国内外试验数据,改进了美国规范 ACI 440.1R-15 中 FRP 筋混凝土构件斜截面受剪承载力的计算方法。该计算方法假定构件的受剪承载力由受压区混凝土承担,需计算截面的中和轴高度。

5.4 扭曲截面承载力计算

5.4.1~5.4.3 已有试验研究表明,FRP 筋混凝土纯扭构件的破坏模式包括少筋破坏模式、部分超筋破坏模式(FRP 箍筋断裂)和超筋破坏模式(混凝土压碎)。

　　FRP 筋混凝土纯扭构件的最小配箍率、最大箍筋间距、受扭纵向 FRP 筋的最小配筋率及截面限制条件,参考加拿大规范 CSA S806-12,以避免发生少筋及超筋破坏模式。

　　针对发生部分超筋破坏模式,本标准编制组参考现行国家标准《混凝土结构设计规范》GB 50010 提出了 FRP 筋混凝土纯扭构件的受扭承载力计算公式,该公式由混凝土的受扭承载力和 FRP 箍筋的受扭承载力计算公式组成。其中,FRP 箍筋的受扭承载力计算公式中的斜裂缝角度和箍筋强度根据试验结果分别取为 45°

和箍筋的弯拉强度设计值。本标准编制组完成的数值分析及已有的试验结果表明，与相同配筋率的钢筋混凝土纯扭构件相比，FRP筋混凝土纯扭构件的承载力偏小。这是因为FRP筋混凝土纯扭构件的纵向约束刚度相对较小，斜裂缝宽度发展较快，从而削弱了斜裂缝间的骨料咬合作用。本标准编制组基于国内外试验数据，通过数值分析确定了公式(5.4.2)和公式(5.4.3)中的系数分别为0.25和0.85。可靠度分析表明，采用该公式计算的FRP筋混凝土纯扭构件受扭承载力的可靠指标大于现行国家标准《建筑结构可靠度设计统一标准》GB 50068中构件发生脆性破坏时的目标可靠指标。

6 正常使用极限状态验算

6.1 一般规定

6.1.1 借鉴美国规范 ACI 440.4R-04 和国内外试验数据,本标准将 CFRP 筋和 AFRP 筋的 σ_{con} 上限值分别取为 $0.65 f_{fpk}$ 和 $0.55 f_{fpk}$。如果控制应力取值过低,则预应力 FRP 筋在经历了各项损失后,对混凝土产生的预压应力过小,不能有效地提高预应力混凝土构件的抗裂度和刚度。此外,如果预应力过低,为了给构件提供相同的抗裂度所需 FRP 筋的根数增多,锚具数量增多,张拉锚固成本增加。因此,给出 CFRP 筋和 AFRP 筋的 σ_{con} 下限值分别为 $0.40 f_{fpk}$ 和 $0.35 f_{fpk}$。

6.1.2 蠕变断裂是指 FRP 筋在低于其抗拉强度的拉力的长期作用下发生断裂的现象,这是 FRP 筋特有的问题。为了保证在设计基准期内不发生 FRP 筋断裂,其长期承受的应力不应大于某一个限值。根据国内外已有试验数据和美国规范 ACI 440.1R-15,CFRP 筋、AFRP 筋、GFRP 筋和 BFRP 筋的蠕变断裂影响系数分别取为 1.4、2.0、3.5 和 2.0。

6.1.3 试验研究表明,普通 FRP 筋混凝土受弯构件在正常使用极限状态下的内力臂系数要大于同等配筋率的钢筋混凝土受弯构件,在荷载准永久组合下受拉 FRP 筋应力公式中的内力臂系数由现行国家标准《混凝土结构设计规范》GB 50010 中的 0.87 修正为 0.90。

6.1.4 在荷载准永久组合下,预应力 FRP 筋混凝土受弯构件中预应力 FRP 筋的应力 σ_{fpq},可根据非预应力筋的等效应力并考虑弹性模量修正得到。由于部分粘结、无粘结和体外预应力 FRP

筋的应力在整个无粘结段内弥散,参照现行国家标准《混凝土结构设计规范》GB 50010 第 7.1.4 条规定,本标准采用系数 ζ 考虑了预应力 FRP 筋与混凝土粘结的影响。当采用非预应力 FRP 筋时,尚需验算非预应力 FRP 筋的应力。

6.2 FRP 筋预应力损失计算

6.2.1 由于 FRP 筋预应力损失涉及多方面因素,情况较为复杂。因此,各项预应力损失值应首先结合工程具体条件由试验确定,当无条件进行试验或无可靠的实测数据时,才可采用本标准给出的数据和计算方法确定。

本标准未给出的其他预应力损失,如预应力 FRP 筋与锚圈口之间的摩擦、先张法台座变形引起的损失等,当计算需要时,必须预先通过试验确定,或采用生产厂家及施工单位常年累计的数据。

6.2.2~6.2.7 FRP 筋预应力损失的计算方法基本参照现行国家标准《混凝土结构设计规范》GB 50010。但是,由于 FRP 筋的物理力学性能以及与混凝土间的粘结性能、摩擦系数均与预应力筋不同,因此需重新确定内缩值 a、摩擦系数 k 和 μ。内缩值 a 应首先根据实测数据确定,如无实测数据,也可按照本标准表 6.2.3 所列数值确定。已有研究表明,AFRP 筋线膨胀系数一般为负值。

6.3 裂缝控制验算

6.3.2 普通 FRP 筋混凝土构件的裂缝宽度计算基本参照现行国家标准《混凝土结构设计规范》GB 50010,与钢筋有关的项(A_s、E_s、σ_{sk})均换成与 FRP 筋有关的项(A_f、E_f、σ_{fq})。由于 FRP 筋的弹性模量通常低于钢筋,准永久荷载作用下 FRP 筋混凝土构件中的受拉 FRP 筋应变可达到 3 000$\mu\varepsilon$，甚至更高，远大于钢筋混凝土构件中受拉钢筋应变。因此，钢筋混凝土构件的裂缝间纵向受拉钢筋应变不均匀系数 ψ 高估了 FRP 筋混凝土构件中裂缝间的混凝土协助 FRP 筋抗拉的作用。本标准通过引入弹性模量之比 E_f/E_s 对系数 ψ 进行修正。不同类型、表面特征的 FRP 筋与混凝土之间的粘结性能不同，因此，FRP 筋粘结特性系数宜尽可能参考已有试验数据取值。参照美国规范 ACI 440.1R-15 关于相对粘结特征系数 k_b 的取值，无试验数据时，可选用 $\nu_i=0.7$。

6.3.3 本条适用于同时配置预应力 FRP 筋和非预应力筋（FRP 筋或钢筋）的混凝土受弯构件。当预应力 FRP 筋和非预应力筋采用不同类型的筋时，预应力 FRP 筋和非预应力筋的弹性模量存在很大差异，故在裂缝宽度计算时，应根据预应力 FRP 筋和非预应力筋的弹性模量比，将预应力 FRP 筋的实际面积换算成等效截面积。

6.4 受弯构件挠度验算

6.4.2，6.4.3 普通 FRP 筋混凝土受弯构件的短期抗弯刚度 B_s 计算方式和步骤，基本参照现行国家标准《混凝土结构设计规范》GB 50010。

6.4.4，6.4.5 预应力 FRP 筋混凝土受弯构件的挠度计算可按现行国家标准《混凝土结构设计规范》GB 50010 的有关规定确定。在计算纵向受拉筋和粘结方式的等效配筋率 ρ 时，应考虑弹性模量的影响将预应力 FRP 筋截面积换算成等效截面积。

6.4.6 本标准给出考虑荷载长期作用对挠度增大的影响系数适用于普通 FRP 筋混凝土简支梁、有粘结预应力 FRP 筋混凝土简支梁和体外预应力 FRP 筋混凝土简支梁的长期变形计算。对于部分粘结预应力 FRP 筋混凝土简支梁、无粘结预应力 FRP 筋混凝土简支梁，可参照执行。

7 构造要求

7.1 一般规定

7.1.1 本条对纵向受力 FRP 筋的横向和纵向净间距作出了规定。

7.1.3 FRP 筋不宜用于一级抗震等级的混凝土框架梁中。对于二、三级抗震等级的预应力 FRP 筋混凝土框架梁,应采用预应力 FRP 筋和非预应力钢筋混合配筋的方式。

框架结构梁端截面的预应力强度比 λ 的选择需要全面考虑使用阶段和抗震性能两方面要求。从使用阶段看,λ 不宜过小;从抗震角度,λ 不宜过大,这样可使弯矩-曲率滞回曲线的环带宽度、能量消散能力,在屈服后卸载时的恢复能力和残余变形均介于预应力混凝土和钢筋混凝土构件的滞回曲线之间,同时具有二者的优点。基于同济大学开展的有粘结预应力 FRP 筋混凝土梁、部分粘结预应力 FRP 筋混凝土梁和体外预应力 FRP 筋混凝土梁的试验研究成果,本标准要求对二、三级框架梁,λ 不宜大于 0.60。

7.1.4 包括同济大学在内,国内外各科研单位完成了大量的预应力 FRP 筋以及预应力 FRP 筋混凝土梁的疲劳性能试验研究。研究表明:预应力 FRP 筋的抗疲劳性能明显优于相应的钢筋,预应力 FRP 筋的应力幅对梁的疲劳性能通常不起控制作用。

7.2 保护层厚度

7.2.1 由于 FRP 筋是非金属材料,耐腐蚀性能好,最小保护层厚度可适当放宽。同时,为了保证 FRP 筋具有可靠的锚固,本条对最小保护层厚度作了限制。

7.2.2　最外侧预应力 FRP 筋的保护层厚度参照加拿大规范 CSA S806-12。最外侧非预应力筋的保护层厚度应根据非预应力筋类型确定。

7.2.3　当保护层过厚时,宜采取有效的措施对保护层混凝土进行拉结,防止混凝土开裂剥落、下坠。通常可在保护层内配置 FRP 网片或钢筋网片。

7.3　FRP 筋的锚固及搭接

7.3.1　受拉 FRP 筋的锚固长度应通过试验确定。无试验数据时,本条给出的 FRP 筋锚固长度参考了本标准编制组研究资料和现行国家标准《纤维增强复合材料工程应用技术标准》GB 50608。

7.3.2　根据国内外研究资料,并参考美国规范 ACI 440.1R-15 和加拿大规范 CSA/CAN S806-12,本条对 FRP 筋的搭接长度作出了规定。

7.4　纵向受力筋的最小配筋率

7.4.1　为了防止普通 FRP 筋混凝土受弯构件发生混凝土开裂即发生破坏,需限制纵向受拉 FRP 筋的最小配筋率。

7.4.2　FRP 筋混凝土受压构件的纵筋最小配筋率和最大配筋率,参考加拿大规范 CSA/CAN S806-12。直径较小的 FRP 筋受压易发生失稳破坏,故规定受压构件中纵向 FRP 筋的直径不应小于 15 mm。

7.4.3　为了防止预应力 FRP 筋混凝土受弯构件发生混凝土开裂,即发生破坏,本条给出了纵向受力筋的最小配筋要求。

7.4.4　为了防止受弯构件中部分粘结预应力 FRP 筋被拉断,本条规定了部分粘结预应力 FRP 筋混凝土受弯构件的最小配筋率。

7.5 FRP 箍筋

7.5.1 已有试验表明,过小的 FRP 箍筋弯折半径会造成其弯拉强度的急剧下降,因此本标准规定,FRP 箍筋的弯折半径与其直径的比值不得小于 3。

7.5.3,7.5.4 为防止 FRP 筋及预应力 FRP 筋混凝土构件发生斜拉破坏,限制斜裂缝宽度,本标准参照美国规范 ACI 440.1R-15 给出了 FRP 箍筋最大间距和最小配箍率要求。

7.6 预应力 FRP 筋混凝土构件

7.6.1 孔道的曲率半径应满足孔道内的预应力 FRP 筋的强度没有因为筋的转向而下降。本条规定的曲率半径是上限,如有可靠经验时可适当放宽。

7.6.4 锚固区应配置足够的横向间接钢筋以防止局部受压破坏。

7.6.5 体外预应力 FRP 筋仅在锚固区及转向块处与结构有相同的位移,当梁发生弯曲变形时,体外预应力筋的矢高将减少。若转向块之间的距离过大,可能会降低体外预应力 FRP 筋的作用。此外,体外预应力 FRP 筋是通过转向块变换方向的,在转向块处存在摩擦和横向挤压力。因此,转向块的设计必须做到设计合理和构造措施得当。由于横向挤压力的作用和预应力 FRP 筋因弯曲产生内应力,可能使预应力 FRP 筋的强度下降,故本条对体外预应力 FRP 筋在转向块处的弯折转角和转向块处的曲率半径进行了限定。

8 施工及验收

8.1 一般规定

8.1.3 FRP 筋进场时和使用前均应加强外观质量的检查。弯曲不直或经弯折损伤、有裂纹的 FRP 筋不得使用;表面有油污及其他污染物的 FRP 筋亦不得使用,以防止影响钢筋握裹力或锚固性能。

FRP 筋的进场检验,应按照现行国家标准《结构工程用纤维增强复合材料筋》GB/T 26743 规定的组批规则、取样数量和方法进行检验,检验结果应符合上述标准的规定。一般 FRP 筋检验抗拉强度、弹性模量、极限拉应变即可,试验方法参照现行国家标准《结构工程用纤维增强复合材料筋》GB/T 26743 执行。FRP 筋的质量证明文件主要为产品合格证和出厂检验报告。FRP 箍筋进场检验,除应检验直线段的抗拉强度、弹性模量和极限拉应变之外,尚应检验其弯曲半径和平直段的长度。

8.1.4 FRP 筋表面没有保护包装时,表面的纤维易受到损伤,从而降低 FRP 筋的抗拉强度。过度弯曲也会造成纤维的损伤。在高温环境下,FRP 材料的力学性能会发生劣化,而长时间暴露在紫外线或潮湿环境中,FRP 筋中的聚合物组分会发生变化从而导致抗拉强度极大地削弱,因此存放 FRP 筋时,应防火、避免高温、紫外线和化学物质的作用,同时保持通风干燥。

8.2 FRP 筋的施工与验收

8.2.1 FRP 筋的成型和制作一般在工厂完成,宜尽量避免现场裁剪。

8.2.2 在对 FRP 筋进行绑扎时，为避免 FRP 筋表面受损，宜采用塑料或尼龙材质绑扎线。表面有塑料保护层的电线也可以作为 FRP 筋的绑扎线。因为 FRP 筋的密度比较低，在浇筑混凝土时，FRP 筋有可能会上浮偏移，因此需采取防止上浮的措施。

8.2.5 体外预应力 FRP 筋应采取有效的包裹措施防止紫外线照射。